우리가
슬쩍 본
도시

코펜
하겐

온공간연구소 지음

ㅇㄴ

슬쩍 다녀갑니다

잘 머무르다 갑니다

잘 먹고 갑니다

일정 & 지도

부록

슬쩍 다녀온 분

01 JOY
40대, 워라벨 주동자

과거와 현재가 너무나 자연스럽게 만나 미래를 보여주는 젊은 도시 코펜하겐. 6월의 코펜하겐은 정말 활기차다.

02 04 ALYSSA
30대, 날씨요정

도시 어디에나, 누구나 여유 부릴 수 있는 곳이 많다. '사람을 위한 도시'라는 말이 어울리는 도시. 코펜하겐, 잘 다녀왔습니다! (feat. 얀겔)

03 04 GONI
20대, 길 헤매는 온라이

소장님께 죄송한 미친 물가. 그러나 모든 것이 美친 코펜하겐. YOLO! 인생의 한 번은 꼭 덴마크에 미쳐보세요.^^

05 CHAM
30대, 윤 디자이너

답사 준비를 함께하지 못해 돌아와 더 많이 알게 된 코펜하겐. 매년 이런 배움의 기회를 얻을 수 있어 감사하다. 영원하라 온공간연구소.

06 DEEP
20대, 메뉴 고민러

솔직히 이번 코펜하겐 답사는 조금 여유로울 줄 알았다. 착각이었다. 여태껏 다녀온 답사 중 일일 평균 걸음 수 최대치를 찍었을 것이다.

07 10 ILMARE
30대, 다 아는 사례웡

해가 지지 않는 6월의 코펜하겐. 어둑어둑해질 때까지 우리의 일정은 계속되었다. 하루가 길어도 너-무 길다.

08 09 SOOM
30대, 본가 천재

북유럽의 작은 도시에 이렇게 많은 볼거리가 있을 줄 몰랐다. 역사보존과 도시재생에 대해 고민하고 있다면, 코펜하겐으로 떠나보자!

EUREKA
30대, 뉵이 휴직 중

대학 시절 코펜하겐을 다녀오며 엄청난 복지에 놀랐어요. 책을 읽어보니 코펜하겐의 좋은 공간을 누리는 것도 복지의 한 부분이라는 생각이 들어요. 이 책을 들고 다시 가봐야겠어요!

온:공간연구소
2019년엔 코펜하겐으로...

    우리나라에서의 도시계획은, 특히 서울에서의 도시계획은 늘 공공성과 개인의 개발이익 간 첨예한 갈등 속에서 진행된다. 이 두 개념이 서로 대척점에 있는 것이 아님에도 말이다. 유달리 2018년 한해는 이런 갈등 속에서 지내온 듯하다. 우리는 시간의 흔적, 도시의 역사, 공공성 같은 손에 잡히지도 않는 개념들을 지켜내기 위해 끊임없이 뭔가를 주장했고, 그 주장들은 때로는 행정, 때로는 주민들에 의해 부정되기도 하고 논란이 만들어지기도 했지만 별다른 성과를 거두지 못한 것 같아 기운을 잃어가는 시점이기도 했다.

    개인적으로 코펜하겐은 2017년 가을에 방문한 적이 있었다. 그때는 도시 답사라기보단 가벼운 여행으로 간 거라 사례 지역을 다니지 않았지만 열려있는 수변 공간과 자유로움, 활기, 존중받는 느낌, 수준 높은 공공건축물 등이 인상적이었다. 개별 건축물들이 지니는 공공성에 대한 고민이 깊던 시기라 이런 도시 분위기를 사무실 구성원들과 공유하고 싶은 마음이 컸다. 사무실 사람들은 아마도 대표가 제안하니, '살기 좋은 도시'라 늘 얘기되는 북유럽 도시에 대한 궁금증, '북유럽 디자인'으로 얘기되는 세련된 공간들을 상상하면서 동의했는지도 모른다. 그렇게 우리가 슬쩍 볼 도시는 덴마크 코펜하겐으로 정해졌다.

답사기간 | 2019.06.05. ~ 2019.06.14.
방문도시 | 덴마크 : 코펜하겐, 헬싱외르 / 스웨덴 : 말뫼
참여인원 | 온:공간연구소 7인 + 게스트 2인

온공간연구소는
인간적이고 따뜻한 도시 가꾸기에
관심과 이해를 함께하는
젊은 연구자 집단으로,
역사와 시간의 켜를 존중하는
공간계획을 지향합니다.

우리가 느낀 코펜하겐

슬쩍 다녀갑니다

01

모두를 위한 도시,
좋은 공공건축

post by JOY

우리에게 코펜하겐은 도시 그 자체보다 덴마크, 더 나아가 '북유럽'의 이미지로 연상되는 도시이다. 코펜하겐 하면 떠오르는 단어는 무엇일까? 휘게, 복지국가, 살기 좋은 도시, 가구와 조명 디자인, 이런 단어들이 떠오른다면 코펜하겐의 다양한 공공건축물에서 그들의 지향과 가치를 확인할 수 있다. 여기서 얘기하는 공공건축물은 행정기관으로 대표되는 공공기관이 소유하고 있거나 관리 운영에 책임을 지고 있는 건축물이다. 폭넓게는 영리 목적이 아닌, 특정 계층이나 개인을 위한 것이 아니라 누구나를 위한 시설이라고 할 수 있다.

코펜하겐에는 다양한 종류의 공공건축물이 존재한다. 유명 건축가들이 작업한 신축건물, 오래된 건물을 창조적으로 재활용한 사례, 그 자체가 역사적 건축물인 경우 등 지어진 방식도 다양하다. 그러나 공통적으로 외부공간은 열려있어 어디서부터 어디까지가 그 건물의 영역인지 인지하지 못할 만큼 가로와 자연스럽게 만난다. 내부는 더없이 잘 디자인되고, 세련된 가구와 조명들이 배치된다. 우리가 코펜하겐에서 보고 싶었던 여러 가지 가치, 이를테면 공공성, 사람 중심, 활기, 역사에 대한 존중, 새로운 혁신, 대니쉬 디자인, 이 모든 것을 포괄하는 개념이 '모두를 위한 도시'라면 공공건축물의 방문은 그 생각들을 압축적으로 확인할 기회일 것이다.

코펜하겐 오페라하우스

오페라하우스가 위치한 홀멘 섬은 1690년대부터 덴마크 해군본부가 있던 곳. 1996년 해군본부 이전 후 주거문화지역으로 재개발되고 있다. 수상버스 정거장 바로 앞에 위치한 오페라하우스는 밤에 항구를 밝혀 주는 대형 등불 같다는데 6월의 코펜하겐에서는 야경을 볼 수 없다.

대단한 문화시설이 아니어도,
생활 속 공공건축물도 충분히 아름답다

코펜하겐은 과거와 현재가 공존하는 도시이다. 고풍스러운 건물이 많지만, 눈에 띄는 외관을 뽐내는 현대 건축물들도 많다. 공공건축물도 마찬가지로 시청사 같은 역사적 건축물뿐만 아니라, 세계적인 건축가들이 참여한 공연장, 전시장 같은 문화시설도 많다. 여러 곳을 방문했지만 가장 인상적이었던 공간은 도서관 시리즈가 아닐까 싶다. 언제 한번 맘먹고 가야 하는 대단한 문화시설이 아니라 어린이부터 노인까지 모든 세대가 일상적으로 이용할 수 있는 도서관이어서 더 감동이 있었던 것 같다.

의도하지 않았지만 코펜하겐과 헬싱외르, 그리고 말뫼에서 모두 인상적인 도서관을 만났다. 먼저 코펜하겐 공립도서관 (Copenhagen Main Library)은 이 도시의 가장 번화한 거리인 스트뢰에에 인접해 있다. 어떤 글에서는 원래 쇼핑센터였던 건물을 도서관으로 개조한 것이라 했지만 도서관 1층의 카페, Democratic Coffee (커피 맛있음) 직원은 원래부터 도서관이었다고 얘기했다. 사실이 뭔지는 모르겠지만 도서관의 내부 공간구성은 쇼핑센터를 닮아있다. 전혀 도서관답지 않고 쇼핑센터에 들어온 듯 자유로운 분위기이다.

코펜하겐 공립도서관 내부

1층은 카페와 자연스럽게 연결되어 있고, 각 층은 에스컬레이터로 이어진다. 쇼핑센터처럼 넓은 중정 홀에는 마치 상품이 배치되어 있듯 책들이 놓여 있다. 상품들이 진열되어 있을 것 같은 유리 블록 안에는 사람들이 제각각의 모습으로 앉아있다. 자유롭다.

　코펜하겐에서 기차로 30여 분 떨어져 있는 헬싱외르의 중앙도서관은 쿨투르베르프테트(Kulturværftet)라는 문화센터 내에 있다. 이곳은 폐쇄된 조선소 건물을 리모델링했는데, 현대적으로 증축된 부분과 기존 조선소 건물이 자연스럽게 연결된 모습이다. 기존 건물의 역사도 읽히면서 증축된 부분은 아주 혁신적으로 느껴졌다. 문화센터라 해서 공연장이나 전시장이 있겠거니 했는데 의외로 도서관도 함께 있었다. 지역의 역사와 새로운 활동, 기존 건물과 새로운 건물, 그 연결과 조합이 참신하다.

　역시 코펜하겐에서 40여 분 거리에 있는 스웨덴 말뫼(Malmö)는 코펜하겐과 같은 생활권이라 한다. 중요한 관광명소인 말뫼 성과 왕의 공원(Kungsparken)을 마주한 곳에 덴마크 건축가 헨링 라션(Henning Larsen)이 설계한 말뫼 시립도서관(Malmö City Library)이 있다. 전면 유리창을 통해 왕의 공원 전경이 도서관 메인 홀을 감싼다. 마치 공원 속에 앉아 책을 읽는 느낌이 들 정도이다. 압도적인 메인 홀의 느낌과는 달리 내부에는 다양한 공간들이 아기자기하게 구성되어 있다. 반짝이는 녹색 잎들, 시민으로서 존중받는 느낌이 절로 든다.

쿨투르베르프테트, 헬싱외르

기존 조선소 건물을 활용하여 지역의 역사
와 새로운 활동을 담는 도서관. 건축물 전체
가 흥미롭다.

말뫼의 시립도서관 인상이 채 지워지기 전에 코펜하겐 왕립도서관을 방문해서인지 두 도서관은 여러모로 공통점이 많았다. 둘 다 외부 풍경을 건물 내부로 끌어들여 가장 매력적인 요소로 활용하고, 기존 옛 건물과 연결하여 새로운 도서관 건물을 증축했다. 왕의 공원이 창문으로 투영되는 말뫼의 시립도서관과 코펜하겐 항이 투영되는 덴마크 왕립도서관. 이년 전 코펜하겐을 방문했을 때 가장 인상적이었던 곳이 바로 이 왕립도서관이었다. 에스컬레이터를 타고 내려올 때 도서관을 가득 채운 반짝이는 물결, 도서관 앞 긴 이의자에 앉아 넋 놓고 보게 되는 바다. 햇빛이 중요하다. 햇빛이 물결에 반사되어야 이 공간의 진가가 발휘된다. 모든 조건이 계산된 듯 맞추어져야 완벽한 공간연출이 되는 듯, 그래서 일상적 느낌이 덜하다. 왕립의 느낌이랄까.

말뫼 시립도서관

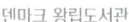

덴마크 왕립도서관
코펜하겐 항에 면하는 왕립도서관.
햇빛이 수면 위로 반사되는 시각에
방문하면 더 극적인 도서관 전경과
도서관 앞 사람들의 다양한 활동을
느낄 수 있다.

말뫼 시립도서관

이 도시의 가장 중요한 위치에,
누구에게나 열려있는 공공건축물이 있다

공공건축물은 넓은 의미에서 시민들이 소유하고 있는 건축물이라 할 수 있다. 그런 면에서 시민이라면 누구나 이용할 수 있도록 도시에서 경제적으로나 사회문화적으로 가장 중요한 위치에 공공건축물이 위치하는 것은 어쩌면 당연한 것인지도 모른다. 바다나 강을 끼고 있는 도시에서 가장 중요한 위치, 사람들이 좋아하는 장소는 어디일까? 한강이 내려다보이는 아파트, 바다가 보이는 해운대 주상복합건물이 경제적 가치를 인정받듯이 코펜하겐에서 가장 중요하고 사람들이 좋아하는 장소는 아무래도 도심부에서 바로 접근할 수 있고 코펜하겐 항을 끼고 있는 수변공간일 것이다. 우리가 코펜하겐에서 가장 많은 사람들이 모여 있는 것을 본 곳도 바로 이 공간이다.

왕립도서관(Det Kongelige Bibliotek), 덴마크 국립극장(Royal Danish Playhouse), 오페라 하우스(Copenhagen Opera House), 덴마크 건축센터(Danish Architecture Centre), 노르아틀란텐스 브뤼게(North Atlantic House, 북유럽 예술과 문화를 테마로 하는 문화공간) 등 많은 공공건축물이 코펜하겐 항을 따라 위치해 있다. 최근 코펜하겐 건축투어의 주인공들이기도 하다.

덴마크 국립극장처럼 모든 사람들에게 열려있지 않은 대형 공연장도 1층 공간은 대부분 오픈되어 있고, 건물 경계가 느껴지지 않는다. 건축물과 가로, 건축물과 공공공간이 만나고 있어 건물 내외부의 활동들이 자연스럽게 연결돼 더욱 활기가 느껴진다. 극장 야외에서 발레공연이 펼쳐지는 것처럼 말이다. 코펜하겐에서 인기있는 관광상품 중 하나인 보트투어의 해설자도 수변에 위치한 다양한 건축물에 대한 이야기들을 전해줬다. 누구나를 위한 공공건축이, 시민들이 가장 좋아하는 장소에 위치하고, 그 자체가 명소가 되고 자부심의 대상이 되는 수준으로 조성되고 이용되고 있는 모습, 참 부럽다.

덴마크 국립극장
코펜하겐 항을 따라 다양한 공공건축물들
이 배치되어 있다. 당연히 수변공간은
누구나에게 열린 공간이다.

23

공공성 있는 건축물은
꼭 공공이 직접 짓는 것만도 아니다

우리가 방문한 많은 공공건축물은 건축물 자체의 디자인이나 공간구성, 그곳에서 이루어지는 활동들이 다 인상 깊었지만, 관심이 가는 다른 이야기가 더 붙여진 건축물들도 있다. 바로 덴마크 착한(?) 부자들의 도시환경에 대한 기여이다. 어느 도시나 시민들의 힘이 합쳐지거나 부자들의 기부를 통해 만들어지는 공간들이 있지만, 이곳에서 인상적이었던 많은 곳이 민간의 역량으로 만들어진 곳이라 좀 더 그 의미가 크게 다가왔다.

코펜하겐 항에 면한 BLOX라는 건축물에는 블록스허브(BLOXHUB)와 덴마크 건축센터(DAC, Danish Architecture Center)가 위치한다. 블록스허브는 지속가능한 도시 조성을 위한 북유럽식 해법을 도시, 건축, 디자인 분야에서 찾고자 창업커뮤니티, 공유공간 등을 제공한다. 덴마크 건축센터는 덴마크 도시건축의 과거와 현재, 가치와 의미를 보여준다. 센터 역할의 초점은 과거보다는 현재와 미래에 맞춰져 있는 것 같다. 도시건축의 역사를 나열하기보다는 현재 이루어지고 있는 활동들에 대한 전시가 주로 이루어지고 있다.

이 건물은 이미 명소가 된 왕립도서관 옆에 있기도 하고, 건축그룹 OMA 설계로도 유명하지만, 자료를 보다가 새롭게 알게 된 사실은 'Realdania' 라는 단체의 자금지원으로 건설되었다는 것이다. 이 단체는 또 다른 공공공간 재생 프로젝트인 슈퍼킬른 공원(Superkilen park) 사업도 재정적으로 후원했다. 소개에 의하면 덴마크에서 부동산을 소유한 사람이면 누구나 가입할 수 있다는 자선단체로, 도시, 건축 및 건축 유산과 같은 건설환경 프로젝트를 지원하여 물리적 환경 개선을 통해 삶의 질 향상을 추구한다고 한다. 이 단체의 정체는 무엇일까? 부동산 소유자들의 자선단체? 이런 게 가능한 일인가?

BLOX
민간이 제공한 공공성 있는 건축물.
BLOXHUB와 덴마크 건축센터(DAC)가
위치해 있다.

코펜하겐 오페라 하우스는 덴마크 선박왕 메르스크 맥킨리 모엘러가 약 5천억 원의 공사비를 들여서 건설한 뒤 정부에 헌납한 것이라고 한다. 덴마크 대표 맥주 브랜드 칼스버그의 설립자 크리스티안 야콥센(Christian Jacobsen)은 1859년 화재로 탄 프레데릭스보르 성의 재건축 비용을 대부분 부담하였고, 그 아들은 고대 예술품을 모아 1988년 국가와 코펜하겐 시에 기부해 칼스버그 글립토테크 미술관(Ny Carlsberg Glyptotek)이 설립되었다. 회사 운영을 둘러싼 아버지와 아들의 갈등은 여러 가지 뒷얘기도 남기고 있지만, 심지어 이 부자는 사회공헌활동과 공공건축물 건립도 경쟁적으로 하여 코펜하겐 시는 여러 사회문화적 자산들을 얻었다고 한다. 못 가봐서 아쉬웠던 오드룹고 국립미술관(Ordrupgaard)은 정치인이자 사업가였던 빌헬름 핸슨의 개인 컬렉션으로 시작된 미술관으로 사후 국가에 기증되었고, 그 부속건물인 핀율의 집(Finn Juhl's House) 역시 덴마크의 건축가이자 가구 디자이너인 핀율 사후에 국가에 기증되었다.

BLOX 내 DAC
Danish Architecture Center

칼스버그 글립토테크 미술관
아름다운 중정과 굉장히 많은 조각 작품을
만날 수 있다.

기반시설도
도시의 랜드마크가 될 수 있다

　아마게르 바케(Amager Bakke, 열병합 발전소)는 2025년까지 탄소 중립 도시로 거듭나겠다는 코펜하겐 시의 친환경에너지 전환 정책의 일환으로 기존 열병합 발전소를 대체하기 위해 건립되었다. 공모전의 유일한 조건은 '발전소 옥상 공간 중 적어도 20~30%를 대중에게 개방한다'는 것이었는데, BIG(Bjarke Ingels Group)의 당선안은 발전소 여러 동을 높이 순으로 이어 붙이고 그 위에 스키 슬로프를 얹는 것이었다. 산이 드문 코펜하겐에서는 동네의 작은 놀이터에서도 구릉과 산에 대한 로망이 묻어나온다. 그 바람의 극대치가 여기에 반영된 듯하다. 별명도 코펜힐(Copenhill)이

란다. 경사 지붕을 이용해 스키 슬로프와 등산로를, 벽면을 이용해 암벽등반 등 산을 오르고 싶어 하는 시민들의 열망을 담았다. 스키 슬로프는 유료시설이지만 전망대 카페와 등산로는 모두에게 개방된 시설이다.

도심 어디서나 눈에 띄는 랜드마크가 롯데타워나 63빌딩이 아니라 지속가능한 도시를 지향하는 기반시설인 것, 그것도 시민들이 기피할 수 있는 시설인 것이 인상적이었다. 기피시설 자체를 시민들의 여가활동 장으로 만들고, 잘 디자인하여 도시의 새로운 랜드마크로 만들었다. 물론 디자인에 대한 호불호는 있는 것 같다. 2019년 막 운영되어 실제 시민들에게 좋은 평가를 받을 수 있을지는 두고 봐야 한다. 그러나 기피시설을 시민친화시설로 만들고, 친환경 정책에 대한 지향을 도시공간에 직접적으로 보여주는 것은 의미 있는 도전으로 보인다.

코펜하겐 항에서 보이는
아마게르 바케
건축가 BIG는 열병합 발전소 굴뚝의
수증기를 도넛 모양으로 나오게 하는
방안까지 고민했다고 한다.

29

카스텔레(Kastellet)에서 보이는
아마게르 바케

슬쩍 한마디

ALYSSA

공공이 해야 하는 것을 잘하는 것 같다.
역시 '돈'이 문제지만...
공공건축물은 결국 시민에게 좋은 위치에
잘 사용하도록 열어 두어야 하는 것 아닐까.

GONI

어떻게 모든 도서관이 자유로운 분위기에서
본래의 기능을 유지하고 있는지 참 놀라웠다.
나도 어렸을 때 코펜하겐과 같은 도서관에서
공부했더라면 독서 영재가 될 수 있었을 텐데ㅎㅎ

CHAM

수변에 위치한 다양한 공공건축은 도시가 가진
매력이 무엇인지를 잘 알고 설계한 듯했다.
그런데도 아쉬웠던 건 낮보다 더 아름다웠을
저녁의 모습을 보지 못한 것이다.

DEEP

최저입찰제에 맞추어 값싸게 지어야 욕먹지 않는다는
공공의 입장을 들었던 기억이 난다.
보통 이상의 훌륭한 공공건축물을 기대한다면
공공을 바라보는 우리의 시선도 바뀌어야 하지 않나.

ILMARE

겉과 속이 모두 알차다. 겉만 번지르르 한 것이 아니라
내부공간도, 운영하는 프로그램도 훌륭하다.
개인적으로는 말뫼의 시립도서관이 코펜하겐의
왕립도서관보다 훨씬 더 좋았다. 국립현대미술관보다
서울시립미술관을 더 좋아하는 나의 취향이랄까.

SOOM

우리나라의 공공건축과 가장 큰 차이는 목적 없이도
가고 싶고, 머무르고 싶은 공간이었다는 점이다.

02

모두를 위한 도시,
좋은 공공공간

post by ALYSSA

코펜하겐과 그 주변 도시에는 좋은 공공건축뿐만 아니라 좋은 공공공간도 많았다. 또한 민간건축물의 외부공간도 대부분 모두에게 열린 공간으로 조성되어 있었다. 그 영역은 공원, 놀이터, 심지어 바다까지, 아름다운 풍경이 있는 모든 공간이 시민을 위해 일상적으로 개방되어 있다. 어딜 가나 펜스나 담으로 막혀있는 우리나라에서는 상상하지 못했던 풍경이다. 많은 사람들이 꿈꾸는 북유럽의 복지는 이런 것일까. 모두를 위해 열려있는 일상의 공간이 이방인인 나에게는 특별하게 느껴졌다.

크뢰어스 플라스 (Krøyers Plads)
데크에 나와 시간을 보내는 수많은 사람들

일상생활에서 즐기는
다채로운 수변공간

　　누군가 코펜하겐을 여행한다고 하면, 나는 보트투어를 추천하
고 싶다. 한 시간 동안 수변을 따라 지어진 멋진 건축물들과 그들
의 수상문화를 볼 수 있기 때문이다. 많은 사람들이 수변에서 활동
하는 것을 보면 코펜하겐이 무척 활기찬 도시라는 것을 금방 알 수
있다. 그중 가장 인상적이었던 점은 수변공간 어디에서나 사람들
이 바다로 뛰어드는 것이었다. 이방인인 나로서는 조금 기이하게
느껴졌으나 현지인들은 이상하게 여기지 않는 것 같았다. 도심 한
가운데 있는 야외수영장쯤으로 이 광경을 설명할 수 있을까?

그 중 특별히 사람들이 휴식할 수 있는 넓은 외부공간을 조성한 곳이 홀멘 지역의 클뢰어스 플라스(Krøyers Plads)와 덴마크 국립극장(Royal Danish Playhouse)이었다. 재개발된 공동주택과 신축된 극장 앞을 데크로 조성하여 마치 바닷가인 것 같은 착각을 불러일으켰다. 우리가 갔던 날이 특별히 날씨가 좋아서인지 수많은 사람들이 데크에서 시간을 보내고 있었다. 해변을 가지 않아도 일상에서 휴가를 보내는 사람들을 보며, 일상생활 속에서 쉽게 여가를 보낼 수 있는 환경 때문에 북유럽의 행복지수가 높은 게 아닐까 생각했다.

　수변공간뿐만 아니라 운하에 정박한 보트에서 시간을 보내는 사람들도 눈에 많이 띄었다. 배를 침대 삼아 누워있기도, 바다에 뛰어들기도 하며 많은 사람이 배 위에서의 시간을 즐기고 있다.

　카누나 카약보트는 노인들의 취미생활인 듯, 네다섯 명의 노인들이 타이밍에 맞춰 노를 저어 가거나, 관광객들이 수상보트를 대여하는 풍경도 심심치 않게 보였다. 수상보트는 저녁이 될수록 점점 더 많아졌다. 자유롭게 운하를 다니며 보트 위의 테이블에서 간단한 식사나 맥주를 즐기는 풍경은 더없이 여유로워 보였다. 보트를 빌릴 때 조작법을 교육받는 것만으로도 직접 운전할 수 있다고 하니, 직접 운전하는 수상보트에서 즐기는 식사는 쉽게 경험하지 못할 특별한 경험이 아닐까. 누군가 코펜하겐에 간다면 한번 타보길 권한다. 보트를 타는 것이 부담스럽다면, 수상버스를 타고 운하 주변의 주요 관광지를 돌아보는 것도 괜찮다.

이것이 수상버스

코펜하겐 항

(위) 수상보트를 즐기는 사람들
(아래) 운하를 따라 운항하는 수상버스

코펜하겐의 다양한 수상교통을
이용하는 시민들과 관광객들

정박한 요트에서 저마다의 방식으로
여가시간을 즐기는 코펜하겐 시민들

41

수변경관을 즐길수 있는
소소한 휴식공간

　　코펜하겐에는 수변활동을 가능하게 하는 공간만큼이나, 운하를 바라보며 휴식할 수 있는 장소도 많다. 코펜하겐의 대표적인 관광지인 뉘하운(Nyhavn)은 형형색색, 박공지붕의 중세건물과 더불어 운하를 따라 쭉 이어진 노천카페가 많은 곳으로 유명하다. 많은 사람들이 노천카페에 앉아 저마다의 시간을 보내는 모습을 볼 수 있다. 출항과 입항을 반복하는 배들, 그리고 오가는 수많은 사람들을 구경하며 여유로운 시간을 보내기 좋은 코펜하겐의 대표적인 수변 공간이다.

뉘하운

'새로 생긴 항구'라는 뜻으로 17세기 코펜
하겐이 교역으로 세계적인 명성을 얻으며,
각지에서 선원들이 몰려들면서 그들의 유
흥을 위한 저렴한 선술집이 모여있던 곳이
다. 무역업이 쇠퇴하며 활기를 잃었지만
새로운 문화 콘텐츠를 도입하여 코펜하겐
의 항구도시 이미지를 대표하는 장소로 자
리 잡게 되었다.

그린란드 광장, 홀멘 지역

뉘하운에서 자전거와 보행전용다리(Inderhavnsbroen)를 건너면 홀멘 지역의 수변광장인 그린란드 광장(Greenlandic Trade Square)이 있다. 이곳은 뉘하운보다 훨씬 개방적으로 이용되고 있다. 자유롭게 비치된 의자를 꺼내 앉아 한없이 시간을 보내도 되는 곳이다. 아름다운 수변을 바라보며 잠시나마 코펜하게너의 느낌을 충만하게 받았다. 운 좋게도 3월부터 10월까지만 운영되는 브릿지 스트리트 키친(Bridge Street Kitchen)을 만날 수 있었다. 맛있는 냄새와 활기찬 분위기에 취해 일행들과 커피와 아이스크림을 나눠 먹으며 잠깐이나마 현지인들처럼 여유를 부렸다. 탁 트인 운하의 경관과 푸드코트까지, 가볍게 쉬어갈 수 있는 공간이어서인지 많은 사람들이 이곳에 머물다 갔다.

크리스티안스하운의 북쪽 끝으로 가면 그린란드 광장과 비슷한 레펜(Reffen)이 있다. 40여 개의 푸드코트와 코펜하겐 맥주의 자부심 미켈러(Mikkeller)를 중심으로 수변공간이 드넓게 개방되어 있다. 이곳은 도시 중심부가 아니어서 주요 관광지를 오가다가 들를 수 있는 곳이 아니라, 일부러 찾아가야 하는 곳임에도 많은 사람들이 이곳에서 시간을 보내고 있었다. 다양한 음식을 즐길 수 있는 푸드코트와 그 앞에 펼쳐진 널찍한 외부공간, 그곳에서 바라보는 탁 트인 운하의 경관이 사람들을 끌어모으는 매력이 아닐까.

레펜, 레프살렌 지역

도심 속
누구나 누릴 수 있는 공원

　코펜하겐 도심에서 본 공원들은 공간을 창의적으로 활용하고 있다는 느낌을 많이 주었다. 코펜하겐은 산이 거의 없어서인지 공원을 조성하는 데 많은 노력을 기울이는 것 같았다. 궁전, 요새, 묘지의 또 다른 이름은 공원이다. 공원의 원래 기능을 비롯하여 규모와 형태까지 모두 다 저마다의 멋을 지니고 있었다.

　로젠보르 성 안에 있는 킹스가든(King's Garden), 카스텔레 요새(Kastellet), 아시스텐스 묘지(Assistens Cemetery)처럼 일반적으로 공원으로 활용되기 어려운 장소들이 공원으로 개방되고 있는 것 자체로 문화적 충격이었다. 로젠보르 성과 킹스가든은 유료 전시하는 곳을 제외하고 모든 공간이 개방되어 있다. 이미 200여 년 전부터 시민에게 개방된 역사가 긴 시민공원이다. 매년 250만 명이 방문한다고 하니, 오랜 역사만큼 많은 사람들에게 사랑받는 공원인 것 같다. 공원 곳곳에는 많은 사람들이 저마다의 여가를 보내는 모습이 보인다. 어디에서나 햇볕이 들면 근처 공원에 가서 누울 수 있는 코펜하겐 사람들, 참 부럽다. 예스러운 궁전과 도심 속 공원의 풍경이 함께 있으니 더 아름답다. 여유로운 사람들을 보니, 바쁜 일정 속에서 나까지 저절로 여유가 생기는 느낌이다.

킹스가든

1630년대 로젠보르성을 건축하면서 함께
조성된 정원으로, 바로크 양식으로 설계되어
있다. 18세기 초, 프레데릭스베르 궁전이
건축된 후, 더 이상 왕실에서 이용하지 않
게 되면서 시민들에게 개방되었다.

또 다른 공원, 카스텔레는 옛 요새로 쓰이던 곳으로, 2차 세계대전 이후 요새의 기능이 필요 없게 되자, 1980년대 말부터 약 10여 년간의 공사 끝에 공원으로 탈바꿈했다. 병영시설 일부는 현재까지 그 기능을 유지하고, 나머지는 개방되어 시민의 공간으로 환원되었다. 별 모양이 특징인 카스텔레 요새는 코펜하겐 시민들이 사랑하는 산책로이다. 들쭉날쭉 별 모양의 해자를 따라 걷다 보면 내가 어디에 서 있는지 헷갈리지만, 움직일 때마다 달라지는 풍경 때문에 지루하지 않고, 산책하기에 좋은 공원이다.

카스텔레 요새
크리스티안 4세 때 축조된 요새. 17세기부터 2차 세계대전까지 코펜하겐 북쪽을 방어하는 역할을 했다.

아시스텐스 묘지공원은 18세기 초에 설립된 공동묘지다. 전염병으로 많은 사람이 사망하게 되면서 외곽지에 대규모로 지어진 묘지로, 한때는 도심 속 묘지를 사람들이 기피했지만, 지금은 시민들이 즐겨 찾는 도심 내 공원이 되었다. 동화 작가 안데르센과 철학자 키에르케고르의 묘가 있는 것으로 유명하여 시민들뿐만 아니라 관광객들도 많이 찾는다고 한다. 공원에 조성된 길을 따라 걸어가면서 자전거를 타거나 산책하는 사람들, 반려견과 함께 묘지를 방문하는 사람들을 자주 볼 수 있었다. 묘지공원이 세상을 떠난 사람과 남아있는 사람 모두를 위한 공간으로 쓰이고 있어 더욱 의미있게 느껴진다.

아시스텐스 묘지공원
1711년 치명적인 전염병으로 코펜하겐
시민의 삼분의 일이 사망했을 때 조성된
다섯 개의 묘지 중 하나이다.

시민들이 만들어가는
근린공원

규모가 큰 도심공원뿐만 아니라 주거지 내에도 다양한 형태의 근린공원이 있다. 가장 처음 간 곳은 코펜하겐에 도착한 첫날 산책하다 만난 뇌레브로 포켓파크(Folkets Park, 사람들의 공원)이다. 공동주택에 둘러싸여 있는 작은 규모의 공원이다. 초록의 잔디밭과 그 위에 무심하게 놓인 나무 의자와 구조물들이 있다. 굳이 의자에 앉지 않고 잔디에 앉아도 좋을 것 같은 주거지 내 조용한 공원이다. 꽤 많은 사람이 삼삼오오 모여 담소를 나누며 평화롭게 시간을 보내는 것 같았다. 공원을 이용하는 사람들의 피부색만으로 이 지역이 이민자들이 많이 사는 동네임을 알 수 있었다. 불과 이십여 년 전만 해도 이곳은 이민자뿐만 아니라 범죄자들로 북적이던 곳이었다고 한다. 마약 거래, 살인사건 등 강력범죄가 만연하게 일어나며 문제를 일으키자, 이를 해결하기 위해 행정이 개입했다. 예술가 '발펠트(Balfelt)'가 참여하여 공원에 조형물을 하나씩 설치하며 변화시킨 결과, 현재 포켓파크 주변 지역은 위험한 우범지에서 평화롭고 안전한 지역으로 변화되었다.

　　뇌레브로 지역의 또 다른 공원, 슈퍼킬른 공원은 버려진 공공부
지 10만여 평을 대대적으로 공원화한 프로젝트로, 조경, 건축, 도
시 전문가들이 모여 주민 참여 과정을 통해 만든 공원이다. 다양한
국적이 모여있는 동네답게, 거주민들이 원하는 것을 조사하여 그
들이 떠나온 고향을 상징하는 조형물을 공원 곳곳에 설치했다. 포
켓파크와 마찬가지로 공원 조성을 통해 지역의 이미지를 긍정적으
로 변화시킨 사례이다.

슬쩍 한마디

● **ILMARE** 햇살 좋은 날 코펜하겐 왕립도서관 앞 수변에 앉아
여유를 느껴보길 추천한다.

● **SOOM** 똑같은 공공공간이 하나도 없다.
다채로운 공간 안에 각자의 모습으로
하늘과 바람과 물과 사람들을 담아내고 있다.

● **DEEP** 역시 사람들의 활동이 있어야 공간이 산다. 멋진 배경에
왠지 멋진 대화를 나누고 있을 것 같은 멋진 사람들을
구경하는 것은 북유럽 여행의 또 다른 즐거움.

● **JOY** 민간건축물의 내부공간을 제외하고는
사유화되어 있거나 특정 계층을 위한 공간이
거의 없는 느낌.

● **CHAM** 코펜하겐 운하에서 보트 운전을 해보지 못한 게 아쉽다.
새로운 경험이 주는 신선함과 설렘으로
약간의 두려움 따위는 충분히 이겨낼 수 있을 것이다.

● **GONI** 만약 보트투어의 비용이 부담된다면
수상버스를 이용해 도심의 수변을 즐겨보기를 바란다.
수상버스에 사람이 없을수록 좋은 풍경을 볼 수 있으니
꼭 눈치게임에 성공하자. ㅎㅎㅎ

03

도시 자체가 웰빙인 코펜하겐, 보행 그리고 녹색교통

post by GONI

언젠가부터 우리 사회는 웰빙(well-being)이라는 단어에 익숙해지기 시작했다. 웰빙을 한마디로 정의하기 어렵지만, 사전적 의미는 '건강한 육체와 정신을 추구하는 행복한 삶'을 일컫는다. 도시(계획) 관점에서 스위스, 네덜란드, 독일과 같은 선진국들은 1인당 GDP가 3만 달러를 넘어서면서 삶의 질 향상을 위한 노력이 함께 진행되어 왔다. 세계적인 복지국가로 알려진 덴마크는 1인당 GDP가 5만 달러(2016년 기준)를 웃돌고 있다. 2019년 6월 해외 답사로 코펜하겐을 다녀온 나는, 누군가는 의아해할 수도 있겠지만, 코펜하겐을 어느 도시보다 웰빙한 도시라고 말하고 싶다.

폐자재를 재사용한 공유보트

보행친화공간은
도시활력에 영향을 주는 핵심!

　코펜하겐 도심에는 북유럽 최초로 조성된, 세계에서 가장 긴 보행전용거리가 있다. '산책하다', '걷는다'라는 뜻을 지닌 스트뢰에(Stroget)는 '가로는 사람들이 함께 누리는 공간으로 꾸며야 한다'고 주장한 덴마크 건축가 얀 겔(Jan Gehl)에 의해 계획되었다. 처음 이곳을 방문했을 때에는 오전 시간이어서 사람들도 별로 없고 문을 연 상점들도 손에 꼽을 정도여서 별다른 감흥을 느끼지 못했지만, 자유롭게 걸어 다닐 수 있다는 것 자체만으로도 즐거움을 선사했다.

　며칠 후, 오후 시간대에 스트뢰에 중심부를 다시 방문했을 때에는 처음과는 확연히 다른 모습이었다. 수많은 시민들과 관광객이 거리와 건물 사이를 오가며 인산인해를 이루었다. 거리 곳곳에 배치된 광장과 노천식당은 쇼핑 외에 휴식, 공연 등 다양한 활동 장소로 사용되어 지루하고 길게만 느껴질 수 있는 거리에 볼거리를 더욱 풍부하게 만든다. 레고, 로얄코펜하겐 등 코펜하겐을 대표하는 유서 깊은 브랜드 상점도 스트뢰에 활기에 중요한 역할을 담당하고 있다. 한편, 대형 자본 침투로 인해 특유의 개성 있는 작은 가게들이 중심부에 비해 쇠퇴하고 있는 현실은 안타까웠다.

© photo by SIM

코펜하겐은 과거 산업도시로서, 1970년대 이전까지만 해도 환경 오염이 심각했다. 1973년 오일쇼크 이후 에너지 자립을 위한 재생에너지를 확대하는 노력 덕분에 지금은 친환경 도시 이미지로 전환될 수 있었다. 불과 40년 만에 이룬 것이 놀랍다. 현재 코펜하겐은 에너지, 건축 등 다양한 분야에서 탄소 중립도시를 실현하기 위해 노력하고 있는데, 그중에서 녹색교통이 가장 기본이자 핵심 역할을 수행한다. 코펜하겐의 녹색교통으로는 '자전거', '대중교통(버스, 기차, 지하철, 수상버스)', '공유 모빌리티(mobility)'가 있다.

코펜하겐은 '자전거 왕국', '자전거 도시'로 기억될 만큼 자전거를 이용하는 비율이 매우 높았다. 지나다니다 보면 자전거로 통근하는 사람들을 흔히 볼 수 있다. 2016년 통계에 따르면, 통근과 통학 수단으로 자전거를 이용하는 비율이 41%라고 한다. 코펜하겐시는 지난 20여 년 동안 많은 재원을 투입하여 적극적으로 자전거 인프라(자전거 고속도로, 자전거 다리, 자전거 도로 등)를 조성하고, 단계적으로 차도와 주차장을 줄이는 방식으로 자전거 도로망을 재구성했다.

직접 자전거를 이용해보니 왜 코펜하겐 사람들이 자전거를 선호하는지 조금이나마 알 수 있었다. 코펜하겐은 자전거로 이동하기에 무리가 없는 적정한 도시 규모와 선선한 기후, 언덕이 없는 지리적 특징으로 자전거를 이용하는데 최적의 조건을 갖추고 있다. 무엇보다 목적지에 도달하는 시간이 버스나 차로 이동하는 것보다 적게 소요된다. 이 부분이 코펜하겐 사람들이 자전거를 이용하는 가장 큰 이유인 것 같다.

가로 자체가 차량 중심이 아닌 보행자와 자전거 중심으로 설계되어 있고, 운하로 단절된 구간마저도 감각적인 디자인의 자전거·보행자 전용 다리로 연결되어 이동에 불편함이 전혀 없다. 게다가 자전거보관소가 버스정류장, 지하철역, 골목길 곳곳뿐 아니라 시청과 같은 공공건물 내부에도 설치되어 있어 목적지에 도착하면 자전거를 편하게 세워둘 수 있다. 보관소의 시설물 디자인도 획일적이지 않고 세련된 느낌이다. 한편, 보행 시 횡단보도 신호시간이 매우 짧았던 것 같다. 그 이유를 한국에 돌아와서 알게 되었는데, 신호체계까지 보행이 아닌 자전거 중심으로 설정되어 있다고 한다. 그만큼 이곳에서 자전거는 중요하고 편리한 교통수단이다.

며칠 동안 자전거를 이용하면서 몇 가지 안전수칙을 알게 되었다. 자전거 한 대에 한 명만 탑승한다. 자전거 헬멧은 반드시 착용해야 하며, 어린아이가 동승할 경우 전용 시트를 구비해야 한다. 자전거에서 내리면 반드시 보도를 이동해야 하고, 회전 시에는 뒷사람에게 손으로 회전 방향을 표시한다 등.

자전거로 출·퇴근하는 코펜하게너

자전거용 에어백 헬멧

거리를 지나가다 보면 자전거와 관련된 다양한 상품들을 볼 수
있다. 그중에서도 아이를 태우거나 짐을 싣거나 다목적으로 사용
할 수 있는 카고 바이크(Cargo Bike)와 편의성, 안정성을 모두 갖
춘 자전거용 에어백 헬멧이 가장 인상적이었다. 자전거 외형 디자
인이나 자전거 관련 상품만 봐도 코펜하겐 시민들은 누군가에게
보여주는 것보다 실용적인 것을 추구한다는 것을 느낄 수 있다.

릴레 랑게브로(Lille Langebro)
자전거 보행자 전용다리

© photo by SIM

서클 브릿지(Circle Bridge)
자전거 전용다리

대형 선박 진입을 고려해 설계된
보행자·자전거 전용다리

다양한 형태의 자전거보관소
(위) 외레스타드 8 하우스
(아래) 시청 건물 내부

도로의 이용방식
차도와 인도 사이의 자전거도로.
모두 낮은 연석으로 구분되어 있다.

코펜하겐의 대중교통은 기차, 지하철(S-tog), 메트로(Metro), 버스, 수상버스 다섯 종류가 있다. 우리에게 조금 생소한 수상버스는 이곳에서는 운하로 단절된 지역을 거미줄처럼 이어주는 교통수단으로써 많은 시민들이 이용하고 있었다. 2020년까지 모든 수상버스의 연료가 전기에너지로 대체된다고 하니 코펜하겐의 탄소 중립 도시 실현은 한층 더 가까워지고 있는 듯하다.

　　대중교통 이용 시 별다른 개찰구나 관리감독관은 없었다. 비용은 비싼 편이나, 코펜하겐 시민들은 지불한 대중교통 비용을 세금으로 환급받을 수 있다고 한다. 가독성이 우수한 대중교통 표지판과 안내판도 좋았다. 그러나, 우리나라의 편리한 환승시스템에 익숙한 나는 이곳의 환승 시스템이 조금 아쉬웠다. 먼 거리를 이동하는 것이 아니면 대중교통을 이용하는 것보다 자전거를 이용하는 것이 훨씬 효율적이고 편해 보인다.

우리는 도시 간 이동 시 기차를 이용했는데, 헬싱외르에서 코펜하겐으로 가는 도중에 철로 이상으로 기차가 정차했었던 날이 생각난다. 걱정부터 앞섰던 우리와 달리 현지인들은 정차한 기차역 부근의 버스정류장으로 이동했다. 곧 모든 사람을 수용할 만큼의 버스가 일정 간격으로 도착했으며, 덕분에 목적지까지 안전하게 도착할 수 있었다. 기차가 고장 나는 일이 흔한 일인가 하는 생각도 들었지만, 그만큼 비상시 대응 체계가 잘 갖춰져 있는 듯하다.

코펜하겐은 자전거, 전기자전거, 킥보드 같은 공유 모빌리티도 활성화되어있다. 태양열을 기반으로 작동하는 친환경 공유보트도 있다. 이들의 공통점은 공유 기반으로 짧은 거리를 이동할 때 편리하게 이용할 수 있는 친환경 교통수단이라는 점이다. 이는 관광객에게 안성맞춤인 이동수단이지만, 생각보다 가격이 비싼 편이라 자주 이용할 수는 없었다. 이용이 끝난 자전거와 킥보드는 아무 데나 주차가 가능해 거리 미관이 훼손되거나 보행에 방해가 되는 모습도 볼 수 있다.

수상버스
수상버스에서는 운하에서 바라보는
색다른 도심 풍경을 즐길 수 있다.

길에서 흔하게 만날 수 있는
공유킥보드와 공유자전거

1,000만 도시 서울,
이제는 걷기 좋은 도시로...

　코펜하겐 시는 적극적 재원 투자와 노력으로 도시의 물리적 건강함을 시민들에게 제공했다. 시민들은 기존 도시의 변화과정에서 많은 불만을 토로했을 테지만, 천천히 지켜보고 적극적으로 참여하는 정신적 건강함을 보여줬다. 공공과 시민의 합의 그리고 기다림은 도시의 건강한 변화를 만들지만, 실천하기에는 어렵고도 험난한 과정이다.

　이제 내가 살고 있는 서울로 시선을 옮겨보자. 서울시는 2013년부터 '걷는 도시, 서울'을 목표로 사람 중심의 교통으로 전환하기 위한 계획과 사업들을 진행하고 있다. 아직까지는 자동차 규제 등 실질적인 체질 개선보다는 단순히 물리적 개선이나 성과에 집중된 경향이 있는 것 같다. 그러나 한강으로 인한 지역 간 보행 단절을 해소하기 위해 보행자 전용다리 '한강 인도교'를 건설하고, 보행특구 지정, 도심부 차량 속도를 10㎞ 감소하는 안전속도 5030정책 등 보행자 중심의 정책 변화가 조금씩 꿈틀거리고 있다. 앞으로도 보행 인프라 확충과 보행자 편의를 위해 지속해서 고민하고 실천해야 한다. 그 경험과 지혜가 쌓여 지금 겪고 있는 걱정과 갈등을 자연스레 극복할 수 있는 진짜 '걷는 도시, 서울'을 기대해본다.

슬쩍 한마디

● **JOY**
자전거는 이미 이 도시를 규정하는 중요한 키워드가 된 듯.
자전거 체계를 안착시키기 위한 다양한 노력들,
탄소 제로를 위한 지향, 자전거를 모티브로 하는
세련된 디자인까지.

● **CHAM**
도심의 주요 교차로에는 길을 건너기 위해
신호대기 중인 자전거 행렬을 쉽게 볼 수 있다.
자전거도로에 교통정체가 있는 모습은 가히 충격적이었다.

● **SOOM**
자전거를 활성화 시키려면,
자전거 이용이 가장 편리하게 하라!
다만, 보행마저 불편해질 수 있다.

● **ILMARE**
전동킥보드의 편리함을 알아버린 난
서울에 돌아오자마자 공유서비스 앱을 깔았다.
집에서 차로 10분 거리인 회사를 킥보드로 출근하겠다는
부푼 꿈을 안고. 그런데 아직은 일부 지역에서만
서비스된단다.ㅠㅠ 어서 서비스지역을 확대하라!

● **DEEP**
전동킥보드에 맛 들여서 면허까지 도전하게 된 이야기를
만들고 싶어서 지금까지 면허를 안 땄었나 보다.
(서울은 면허가 있어야 이용할 수 있다고 한다.)

● **ALYSSA**
코펜하겐의 잘 닦여진 자전거도로에서 자전거가
자동차만큼 속도를 내는 것을 보고 꽤 놀라웠다.
자동차보다 작아 편의성은 높고, 속도는 빠르게...
이보다 괜찮은 교통수단이 없을 것 같았다.

04

오래된 것을 새롭게,
리노베이션

post by ALYSSA & GONI

코펜하겐의 도시 풍경은 다채롭다. 그건 아마 유럽 도시의 고풍스러움과 현대적인 감각을 고루 갖춘 건축물이 거리에 많고, 외부 공간이 다양하게 이용되기 때문일 것이다.

뉘하운이나 스트뢰에 거리를 따라 늘어선 옛 건축물들을 보면 '유럽에 왔구나!' 라는 것을 느낄 수 있다. 운하 주변으로 발길을 옮기면 오페라하우스나 덴마크 국립극장과 같은 멋진 공공건축물들이 눈길을 사로잡는다. 그러나 이보다 더 눈길이 가는 것은 도심 곳곳에 있는 고쳐 쓰는 건축물이다. 옛 모습 그대로 새로운 기능을 도입하거나, 새로운 건물을 증축하여 확장하거나, 반짝이는 아이디어를 통해 전에 없던 창조적인 건축물로 탈바꿈하기도 한다. 코펜하겐, 말뫼 모두에서 다양한 형태의 리노베이션 건축물을 만날 수 있다.

말뫼 현대미술관
20세기 초반 적벽돌조 공장건물과 주황색
스틸 타공판 현대 건물이 연결되어 있다.

78

쓰임새 잃은 건축물을
활용하는 방법

　쓰임새를 잃어 수명을 다한 옛 건축물은 새로운 기능으로 활력을 얻기도 한다. 세계 최대 조선소였던 B&W가 있던 레프살렌 지역은 1996년 조선소의 파산으로 함께 쇠퇴하게 되었다. 이후, 대규모 부지에 입지한 조선소 건물과 공간이 주는 매력으로 인해 많은 기업들이 이곳에 자리를 잡았고, 사무실, 레스토랑, 바, 상점, 전시관 등 다양한 공간들이 생겨났다. 폐쇄적인 조선산업지역에서 문화예술복합지역으로의 변화였다. 옛 조선소 건물의 널찍한 공간적 특징을 살리되 외관은 크게 바꾸지 않고, 내부공간을 조금씩 고쳐 창의적으로 활용하고 있다.

　가장 기억에 남는 곳은 수제 맥주 브랜드 미켈러바(Mikkeller Bar)와 코펜하겐 국제 예술센터(CC, Copenhagen Contemporary)였다. 먼저 미켈러바는 미켈러만의 감각으로 표현된 건물 외벽의 'Mikkeller' 글씨와 캐릭터가 눈길을 사로잡았다. 안으로 들어가면 맥주저장고가 가장 크게 자리 잡고 있고 널찍한 바와 무심하게 배치된 나무 테이블과 의자들이 빈티지하게 배치되어있다. 층고가 높고, 운하 쪽으로 큰 창문이 열려있어 안과 밖이 연결되어있는 느낌이 든다.

CC라고도 불리는 코펜하겐 국제 예술센터는 널찍한 옛 조선소
용접 홀을 활용해 전시하고 있다. CC의 입구에 있는 녹슨 간판은
빈티지하여 오히려 현대적인 느낌을 준다. 내부 인테리어는 화이
트톤의 전시공간으로 꾸며져 있고, 창문이나 지붕 등 주요 부분은
원형 그대로 두어 옛 조선소 흔적이 곳곳에 묻어난다. 내부에 있는
두 개의 전시관 모두 이 거대한 공간의 특성을 잘 활용한 전시가
이루어지고 있다. 이곳만의 작품들인 것처럼, 공간과 전시 콘텐츠
가 잘 어울렸다.

CC 입면

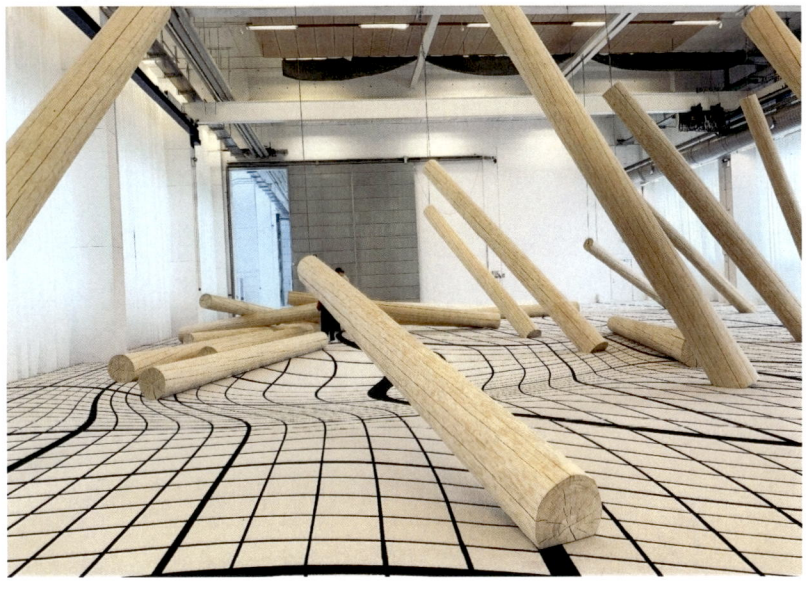

옛 구조물을 창의적 아이디어로
세상에서 단 하나뿐인 공간을 만든다

도시 곳곳에서 조선산업의 옛 시설들을 창의적으로 활용하는 다양한 방법을 보여준다. 조선, 항만산업의 흥망성쇠 속에서 남겨진 건물들을 새로운 형태의, 그 자체로 가치 있는 유일한 건축물로 탈바꿈시킨 건축물이 있다.

대표적인 것은 사일로다. 사일로는 옛 산업시대 곡식이나 시멘트 등을 저장했던 큰 탑 형태의 창고이다. 코펜하겐은 항만물류산업을 중심으로 성장한 도시로 항만 주변에 여러 용도의 사일로가 존재한다. 저장고의 기능을 다 하면 사용가치가 없다고 생각할 수도 있는 단순한 형태의 구조물을 창의적인 외관과 새로운 기능을 도입한 건축물로 탄생시킨 것이 인상적이었다.

코펜하겐 운하 주변에는 마치 시리즈처럼 세 동의 옛 사일로를 활용한 건축물이 있었다. 옛 곡물 창고를 기숙사와 고층 아파트로 바꾼 제미니 레지던스(Gemini Residence)와 더 사일로(The Silo), 시멘트 창고를 사무실로 리노베이션한 포틀랜드 타워(Portland Tower)가 바로 그 주인공이다. 세 동의 사일로는 새로운 기능을 창의적으로 도입했다는 것이 공통적이었다. 원기둥과 직사각형의 형태적 특성만 남기고 모든 게 새롭게 바뀌었다.

노르하운 초입에 있는 포틀랜드 타워는 시멘트를 저장했던 사일로로, 1979년에 지어졌다. 산업시설로서 기능을 잃은 후 방치됐다가 2013년부터 리노베이션을 시작하여, 사무실로 사용하고 있다.

기존 사일로의 내부는 계단, 엘리베이터가 들어가는 건물의 코어 역할을 하고 확장된 공간은 업무시설로 사용 중이다. 콘크리트 원통에 구조물을 덧대어 새로운 형태를 만들었고, 저층부는 과감히 비우고, 24m 높이부터 여섯 개 층을 올려 노르하운에서 가장 높은 건축물이 되었다. 주변 건축물들은 대부분 직사각형 형태, 5~6층 정도 높이, 검붉은 벽돌 외장재를 사용하고 있는 반면에, 포틀랜드 타워는 원통형, 파란색 커튼월 구조이다. 주변과는 다른, 유니크한 모습이 시선을 끈다.

포틀랜드 타워

더 사일로
17층짜리 고급 아파트와 공공장소를 갖춘
이 건물은 과거에 밀 저장고였다.

더 크레인
호텔로 개조해서 사용 중이다.

또 다른 산업시설, 크레인을 활용한 사례는 노르하운 북쪽 끝에서 볼 수 있다. 노르하운 초입에서 한참을 이동해야 해서, 우리는 중간에 걷기를 포기하고 자전거와 전동킥보드를 빌려 힘겹게 도착했다. 허허벌판에 크레인 하나. 더 크레인(The Krane)라 불리는 이 시설은 옛 석탄크레인의 엔진룸을 호텔로 개조한 것이다. 이런 창의적인 발상은 어디서 나오는 걸까? 널찍한 부지에 남겨져 있는 크레인 그 자체를 쓰임새 있게 리노베이션 했다는 점이 의미 있게 느껴졌다. 크레인 역사에 경의를 표하기 위해 검은색만 사용했다고 한다. 검은색 외관이 오히려 현대적인 느낌을 준다. 통창으로 된 중층의 회의실과 보이진 않아도 저기가 침실이겠구나 싶은 최상층까지 크레인은 산업시설에서 고급호텔시설로 탈바꿈되었다.

헬싱외르의 국립 해상박물관은 옛 드라이 도크가 있었던 자리에 건축된 전시시설로, 도크 형태를 그대로 유지하고 있어 인상적이다. 덴마크 건축가인 BIG가 현상설계로 당선된 안으로, 램프를 따라 전시관으로 들어서고, 그 안에서 전시와 카페까지 이어지는 동선이 이어진다. 내부는 밖에서 봤을 때는 전혀 상상하지 못했던 공간이 펼쳐진다. 도크 내부는 최대한 비워두고, 도크 벽면 너머 지하 공간은 넓은 창문을 배치하여 채광이 좋게 구성하여, 전시관 내부에서는 지하라는 느낌을 전혀 들지 않았다. 기존 도크 형태를 그대로 두고, 도크 벽면을 따라 지하 전시공간을 조성한 모습은 기술적인 측면에서도 놀라웠지만, 도크의 역사성을 보존함과 동시에 현대적인 감각을 더 하는 높은 수준의 디자인이 가장 돋보였다.

덴마크 국립 해상박물관

2015년에 완성된 해상박물관. 선큰 구조를 하고 있어 위에서 내려다 볼 수 있다. 바닥에 배를 고정하기 위해 쓰인 구조물을 그대로 남겨 두었다. 녹슨 벽면과 철강 재료의 브릿지가 묘하게 어울린다.

새로운 건축물의 연결로
다채로워지는 역사적 건축물

옛 건축물에 새로운 건축물을 연결하여 공간 활용도를 높이는 방법으로 역사적 건축물을 보존한 사례도 많다. 건축물의 규모를 늘리고 싶을 때 우리나라에서는 보통 신축을 한다. 옛 서울시청사 규모가 작아서, 신청사를 짓고 옛 청사를 도서관으로 쓰는 것처럼. 그러나 이곳에서는 옛 건축물의 내부공간을 확장하는 방법으로 새로운 건축물을 짓고 두 공간을 연결한다. 그렇게 옛 건물을 지킨다. 옛 건축물과 현대건축물은 양식과 재료가 달라서 외관은 다소 투박하고, 이질적으로 느껴진다. 그러나 내부로 들어가면 두 건물이 자연스럽게 연결되어 하나의 건물로 인식되고, 서로 다른 건축양식이 오히려 다양한 공간감을 주어 세련된 느낌이 있다.

대표적인 사례로 블랙다이아몬드로 불리는 덴마크 왕립도서관이 있다. 붉은 벽돌의 옛 건축물과 검은색의 현대 건축물은 외관에서 이질감이 느껴진다. 그러나 내부공간은 복도를 통해 자연스럽게 하나의 공간으로 연결되었다. 옛 건축물은 그대로 유지하고, 신축 부분의 로비는 바다에 면하는 지역 특색을 최대한 활용한 새로운 공간이다.

덴마크 왕립도서관
왼쪽 벽돌 건물이 구관, 오른쪽 검은 외벽
건물이 신관이다.

덴마크 왕립도서관 내부
구관은 신관과는 다른 고풍스러운
분위기가 느껴진다.

스웨덴 말뫼에도 이와 비슷한 사례가 많이 있다. 말뫼 시립도서관과 말뫼 현대미술관은 덴마크 왕립도서관과 비슷하게 옛 건축물과 신축건축물을 연결하고 있다. 말뫼 시립도서관은 외부에서 봤을 때는 기존건물과 신축건물이 기하학적으로 명확하게 구분되어 있으나, 내부에 들어가면 구분공간 없이 자연스럽게 연결되어있다. 열람실에서 공부하는 사람들과 통창 너머로 보이는 푸릇푸릇한 나무들이 편안하면서도 압도적인 인상을 준다.

말뫼 시립도서관
16세기 르네상스식 건물과 원통형 건물,
정사각형 건물, 각기 다른 형태의 세 건물
이 연결되어있다.

말뫼 현대미술관은 폐쇄된 옛 전기공장을 미술관으로 사용하고 있다. 강렬한 주황색 외관이 눈길을 사로잡는다. 기존건물과 신축건물은 각각의 외관의 특성을 살리면서도 내부는 하나의 공간으로 활용하는 것이 좋았다.

말뫼 코쿰스조선소와 살루홀(Saluhall)은 기존 건축물을 모티브 삼아 새롭게 연결하는 방법으로 리노베이션한 곳이다. 코쿰스조선소는 적벽돌조의 건축물이 여러 동 남아있는 곳으로, 새롭게 연결한 건축물도 적벽돌을 사용했다. 남아있는 건축물의 기본 형태를 최대한 살린 새로운 건축물을 연결하여 형태적으로 일관성을 주고 예스러운 느낌도 살리고 있다. 푸드코트인 살루홀은 박공지붕 형태를 모티브로 하여 외관의 일관성을 주고 있다. 기존 건축물의 외관을 그대로 차용하지 않고 현대적으로 재해석하는 방식이 세련되게 느껴졌다.

덴마크에는 'RENOVER'라고 불리는 리모델링 상이 있는데, 좋은 리노베이션의 기준을 제시하고, 수준 높은 리노베이션 문화를 유도하는 것이 목적이다. 이 상은 에너지 효율, 기존 구조의 적절한 활용, 사회문화적 가치 향상, 건축주와 건축가 등 관련 기관들간 상호협력도, 사용자의 만족도, 건물의 경제적 가치 상승, 건축물의 품질 등 다각도로 평가하여 수상을 결정한다. 디자인뿐 아니라 사회, 문화, 경제적 요소까지 고려하는 것이다. 리노베이션 도시·건축의 한 축을 형성해가고 있는 것이 느껴진다. 다채로운 도시 경관은 하루아침에 이루어지지 않는다. 공공의 선도적인 움직임과 시민의 인식 변화까지 코펜하겐의 리노베이션 문화를 보며 우리가 나아가야 할 길을 그려본다.

말뫼 현대미술관 내부

말뫼 살루홀

미트패킹 지역
노후한 산업시설을 문화공간으로

미트패킹 지역(Meatpacking District)은 과거 덴마크의 육류산업을 주도했던 장소이다. 그러나 1990년대 후반 세계금융위기와 임대료 상승이 맞물리면서 도심에 위치한 산업들이 외곽으로 이동하기 시작했다. 코펜하겐 시의회는 미국의 미트패킹 지역을 참고하여 육류산업의 원기능은 유지하되 비어있는 가축공장, 도살공장, 창고 등을 활용하여 복합문화단지를 조성하고 갤러리, 아트카페, 소규모 창조기업과 같은 신기능을 유치하기 위해 노력했다. 현재 미트패킹 지구는 과거 육류산업의 핵심지역으로서의 역사적 가치를 인정받아 건축물뿐만 아니라 구역 전체가 국가산업기념물로 지정되어있다.

최근 이곳은 '코펜하게너들의 아지트'로 불릴 만큼 힙(hip)한 장소로 알려져 있다. 나는 답사에 오기 전부터 과거 육류산업의 핵심지역이었던 곳에 어떤 변화가 일어났는지, 그리고 코펜하게너들이 힙한 장소를 어떻게 즐기는지에 대한 궁금증과 기대감에 부풀어 있었다. 그러나 공휴일인 오순절(성령강림절)에 방문한 탓인지 미트패킹의 모습은 기대한 것과는 다르게 일부 레스토랑과 카페만 영업 중이었고, 사람들이 많이 없어 한산했다.

그러나 엄청난 규모의 산업유산을 보호하고 활용하기 위한 노력
들은 볼 수 있었다. 먼저, 이 지역은 중앙역 서쪽에 위치해 개발이
양호한 입지 조건을 가지고 있다. 그럼에도 불구하고 미트패킹지
역 전체를 보전하겠다는 시의회의 판단이 정말 존경스러웠다. 건
축물을 보전하는 데도 최대한 원형을 그대로 유지하고 있는 모습
이 인상적이었다.

Warpigs에서 본 화이트구역

화이트구역에 있는 식당 Warpigs

미트패킹 지역은 브라운(Brown), 그레이(Gray), 화이트(White) 순으로 구역이 형성되었으며, 건축물의 색채로 구역이 구분된다. 최초로 형성된 브라운 구역은 비슷한 형태의 건물이 연속적으로 늘어서 있는 9 house의 풍경이 장관을 이룬다. 건물 외벽의 질감에서 오랜 세월의 흔적이 그대로 묻어났다. 반면에 과거 육류산업의 시스템이나 미트패킹에서 일했던 사람들의 이야기 같은 소프트웨어와 휴먼웨어를 현장에서 느끼기 어려웠고, 건축물의 과거 기능에 대한 정보들도 일부 패널로만 전시되어 있다.

내부는 공연 극장, 음악 스튜디오, 상점, 음식점, 나이트클럽 등 각각의 쓰임새에 맞는 최소한의 리모델링으로 유연하게 사용되고 있다. 현재 미트패킹 내 새로 유입된 기능은 전체 공간의 90%를 차지한다고 한다. 뉴욕과는 다르게 코펜하겐의 미트패킹 지역은 상업공간보다는 공공성이 강한 복합문화공간이 큰 범위를 차지하고 있다.

미트패킹 지구 내 광장에서는 코펜하겐에서 가장 큰 전시회와 벼룩시장, 패션쇼, 푸드 페스티벌, 재즈 페스티벌과 같은 다양한 이벤트가 개최된다고 한다. 활력이 넘치는 진짜, 리얼 미트패킹을 경험하지 못한 것 같아 이 글을 쓰는 지금도 매우 아쉽다.

그래피티 전시회와
재즈 페스티벌 포스터

박공지붕이 인상적인 화이트구역

전시 준비 중인 옛 도살장 내부

유사한 형태의 건축물과 질감
자체가 인상적이었던 브라운구역

슬쩍 한마디

● DEEP 잘된 리노베이션이란 오래된 것과 새것의 간극이
거슬리지 않을 때 쓸 수 있는 표현이 아닐까..

● CHAM 신축 건축물이 돋보일 수 있는 건,
아마도 오래된 건축물을 지키고 보존하는 것이
대수롭지 않은 흔한 일이기 때문일 것이다.

● ILMARE CHAM 의견에 동의 ㅋ
우리는 지키고 보존하는 게 이렇게나 어려운 일인데...

● SOOM 신축보다 리노베이션이 더 비싼 현실.
이야기와 가치를 덧입혀 창조적으로 새롭게 만들 때
경제적 가치도 높아진다.

● JOY 옛 건물의 활용은 꼭 예술문화시설이 아니어도 좋다.
아트 플랫폼이란 이름의 전시, 공연장, 창작센터에서
벗어나자. 일상생활에서 이용할 수 있는 모든 기능으로
활용될 수 있다.

● GONI 앞으로 대한민국에서도 코펜하겐과 같은 일이
일상처럼 느껴질 수 있는 날이..
내가 죽기 전에는 오겠지?...ㅠ

05

변화하는 기회의 땅,
브라운필드

산업시설은 산업의 쇠퇴나 산업구조 개편, 그리고 도시화 과정에서 원래의 기능을 상실해 일정 기간 방치되거나 완전히 새로운 용도로 전환되는 경우가 발생한다. 산업시설이 제 기능을 유지하는 것이 바람직하겠지만, 이것이 불가능하다면 어떻게 해야 할까?

우리가 방문한 다양한 사례 지역 중 폐산업시설을 재활용한 몇 개의 장소들을 정리해보았다. 흔히 브라운필드(Brown Field)라 불리는 폐쇄된 산업지역에 재개발(재건축)이 아닌 새로운 변화를 시도한 사례들을 소개하고 틈틈이 우리나라의 상황을 돌아보려 한다.

해상박물관 주변 창고군
창고건물들이 군집되어 그대로 남아있고
일부는 스트리트 푸드로 활용되고 있다.

폐산업시설 재활용 모범현장
헬싱외르 '덴마크 국립 해상박물관' 일대

답사 이전 코펜하겐 추천 방문지를 찾아보았다. 상당수는 새로 지어진 화려한 건축물이었다. 옛 시설이나 건축물을 재활용한 사례는 예상보다 많지 않았고, 정보를 얻기에도 한계가 있었다. 그중 개인적으로 가장 기대한 곳은 옛 조선소 드라이도크(dry-dock)를 재활용한 '덴마크 국립 해상박물관'과 주변 일대였다.

해상박물관은 도크를 재활용한 것이기 때문에 걸어서 이동하는 동안 그 모습을 볼 수 없다. 멀리서 미리 보는 풍경이 아닌 가까이 가야 볼 수 있는 풍경이기에 더 궁금증을 자극하고, 마주하는 순간 공간이 주는 신선함과 감동은 배로 다가온다. 썬큰 광장처럼 움푹 파인 공간이 보이면서 도크의 낡은 벽면이 보인다. 순간 감탄이 나왔다. 한눈에 들어오지 않는 압도적인 규모와 낡고 변색된 도크 벽면은 멋지고 매력적이다. 새로 덧붙여진 재료는 낡은 벽면을 더욱 돋보이게 해준다.

'낡고 녹슨 재료가 뭐가 매력적이야?'라는 의문을 가질 수도 있겠지만 'Design by Time'이기 때문에 새로운 재료와 비교될 수 없다. 세월의 흔적이 주는 차분함과 안정감은 방문객을 오래 머무를 수 있게 하고 공간적 욕구와 만족도를 높이기 때문이다.

최근 우리나라에서도 녹슬고 빛바랜 건축물이 더 이상 더럽고 지저분한 것이 아님을 인지하기 시작했다. 불과 몇 년 전까지만 해도 낡고 오래된 건축물은 철거나 교체의 대상이라는 것이 보편적 시각이었지만 다행히 그 시각은 긍정적으로 변해가고 있다. 이런 공간에 대한 수요는 점점 늘어나고 있다. 우리나라에서는 서울 '대림창고'와 부산 'F1963', 인천 '조양방직'이 대표적일 것이다.

그나저나 도크 어디를 봐도 박물관은 보이지 않는다. 어디에 있을까 궁금했다. 설계도를 보니 도크 내부벽면을 따라 밖에서 보이지 않는 곳에 위치 해있다. 도크 내부로 들어가 박물관을 둘러보니 전시의 내용과 수준도 높았다. 국립이지만 전혀 딱딱하지 않다. 왠지 모르게 우리나라 박물관의 전시연출 방식과 비교된다. 어디에서나 볼 수 있는 흔한 공간에 일자로 배치된 유리 박스와 그 안의 전시품들, 그리고 읽고 싶지 않은 안내 문구까지. 열심히 조성했지만 감동으로 다가오지 않는 이유일 것이다.

내부에는 세미나실, 어린이놀이터, 기프트샵, 카페 등의 시설도 갖추고 있는데, 바닥이 평평하지 않고 경사가 있다는 점이 독특하다. 다시 밖으로 나와보니 사선이 유독 많이 강조된 설계였다.

밖으로 나와 다시 한번 둘러보았다. 아쉽게도 도크 진입부에 있어야 할 갑문과 펌프 등은 찾아볼 수 없다. 드라이도크에서 갑문과 펌프시설은 건조(수리)작업을 가능하게 하는 작동설비이자 해양토목기술을 볼 수 있는 핵심시설에 해당한다. 추측건대 매립과정에서 사라진 것 같다.

덴마크 국립 해상박물관

드라이 도크 형태와 벽면이 그대로 남아
있는 모습. 유리벽 내부는 전시공간으로
사용된다.

점심을 먹기 위해 해상박물관 옆 창고군으로 향했다. 스트리트 푸드가 창고 내부에 있다고 한다. 재밌다. 창고 안에는 가게마다 다른 종류의 음식을 팔고 있다. 우리나라에는 드물지만 유럽에서는 종종 이런 풍경을 볼 수 있다. 시스템은 우리나라 푸드코트와 비슷하다. 가게에서 주문한 뒤 공동으로 사용하는 테이블에 앉아 식사한다.

차이점은 우리나라에서는 백화점이나 마트에서 주로 볼 수 있지만 유럽에서는 특정시설 내부가 아닌 가로에 바로 면해있다는 점이다. 또 우리나라는 각종 프렌차이즈가 입점해 있지만, 이곳에서는 프렌차이즈를 찾아보기 힘들다.

최근 셀렉다이닝이 국내에서도 유행처럼 퍼지고 있지만, 대규모 빌딩에 집중적으로 입점해있다. 일반적인 빌딩이 아닌 지역의 역사와 이야기가 있는 건물에 입점하면 어떨까? 또 지역과 관계 깊은 음식점들을 선택하여 서비스하고, 음식 서비스 외에 지역과 건물의 역사를 함께 소개한다면 어떨까? 획일화되고 있는 경쟁 시장에서 차별화의 수단이 될 수 있을 뿐만 아니라 지역과 역사문화에 대한 진정성을 가진 기업임을 보여줄 수 있는 아주 효과적인 방법이 될 것이다.

식사를 마친 뒤 바로 옆에 있는 쿨투어 문화센터(Kulturvaerftet)에 들렀다. 기존 벽돌 건물에 유리 재료를 이용하여 독특하게 고쳤다. 문득 꼭 저렇게 튀는 형태로 설계를 해야만 했을까 하는 의문이 든다. 이것도 사선이 유독 강조된 설계이다.

창고를 활용한 스트리트 푸드
창고의 내·외부는 투박해 보이지만 기존
재료들이 주는 색감과 질감은 매력적인
산업경관을 형성한다.

내부로 들어갔다. 이게 무슨 일인가. 밖에서 봤을 때는 깔끔하게 유리 재료로 교체한 줄 알았는데, 붉은 벽돌이 내부에 그대로 있다. 오래된 건물을 유지하면서도 부족한 면적을 확보할 수 있다는 것을 잘 보여주는 건물이다. 현재는 도서관, 음식점 등으로 기능한다. 언젠가 일본에서도 옛 건물을 지키며 수직 증축한 건물을 본 적이 있다. 저층부에는 옛 건물이 있고, 고층부에는 유리로 마감된 신축 고층빌딩이 있었다.

국내에도 있을까? 바로 떠오르진 않는다. 그대로 활용하거나 간단한 수선을 통해 활용하는 것들은 있지만 이처럼 응용 활용되는 사례는 없어 보인다. '왜 우리나라에서는 찾아보기 힘들까?' 유연하지 못한 제도의 문제일 수도 있겠다는 생각이 든다. 비문화재를 대상으로 보존보다 활용을 독려하는 건축자산이라는 제도가 최근에 만들어졌다. 아직 불안해 보이는 건축자산 제도가 정착되어 국내에서도 이런 형태의 다양한 건축물을 볼 수 있길 바라본다. 역사적 건조물을 지키며 새로운 변화를 도모하는 일은 단순 건설기술의 표출뿐만 아니라 선진도시가 가져야 할 문화적 지향의 격식 있는 발로일 것이다.

쿨투어 문화센터
독특한 외관을 가졌다.

쿨투어 문화센터 내부
옛 건축물의 외벽을 그대로 남겨 놓았다.

시민 공동의 기억과 염원이 담긴 곳
말뫼 '코쿰스조선소'

　버스에서 내려 '미디어 에볼루션 시티'라고 적힌 건물의 뒤편으로 향했다. 지붕 없는 낡은 건물이 보인다. 건물이라기보다 폐허와 같았다. 'KOCKUMS MEK.VERKSTADS. A.B.(코쿰스 기계작업장)'이라고 적힌 벽면을 보며 이곳이 '코쿰스조선소'였음을 알 수 있다. 그 앞에는 낡고 이끼가 낀 드라이도크와 갑문이 있다. 미디어 에볼루션 시티 건물 벽면 한쪽에는 옛 크레인으로 보이는 시설을 조명으로 활용하고 있으며 벙커로 보이는 원뿔 형태의 건조물도 있다. 새로운 기능이 도입되었음에도 기존 건축물을 당시 그대로 남겨두었다.

　'말뫼의 눈물'이라는 말을 들어 본 적 있는가? 우리나라 조선업의 세계적 성장 이전, 제조업이 핵심산업이었던 말뫼는 세계 제일의 조선업의 도시였고 골리앗 크레인을 보유한 코쿰스조선소는 세계 최대 조선소였다. 이런 이유로 코쿰스조선소와 골리앗크레인은 말뫼 시민들의 자부심과도 같은 존재였다. 이후 세계 조선산업 중심이 유럽에서 한국으로 이전하게 되면서 1987년 코쿰스조선소는 문을 닫게 되었다. 이곳에 있던 골리앗크레인은 수십 년간 새 주인을 찾지 못한 채 방치되다가 2003년 현대중공업에 단돈 1달러에 매각되었다. 만만찮은 해체 비용을 현대중공업이 지불하는 조건이었다. 스웨덴 국영방송에서는 해체작업을 장송곡과 함께 생중계했으며 말뫼 시민들은 코쿰스조선소를 찾아와 한국으로 팔려 가는 크레인을 눈물로 떠나보냈다고 한다. 말뫼 조선업 몰락의 상징과도 같았던 이 사건을 우리나라에서 '말뫼의 눈물'이라 칭한다.

인상적인 것은 재난현장에서나 볼 수 있을 법한 시민사회의 관심이 있었다는 점이다. 개인주의화 되어가는 현대사회에서 특정 산업이나 집단의 아픔을 함께 하기가 쉽지 않은 일임에도 불구하고 코쿰스조선소의 비운에 함께 슬퍼하며 진심 어린 걱정과 위로의 마음을 전달하는 말뫼 시민사회의 애정은 꽤 대단하다고 할 수 있다. 조선업 의존도가 높아 상당수의 시민이 조선업에 종사한다고 하더라도 쉽지 않은 일이다. 이런 측면에서 보면 분명 코쿰스조선소는 말뫼 시민들의 애착의 공간이자 말뫼를 대표하는 상징적 공간이었음을 충분히 알 수 있다.

골리앗크레인 매각 이후, 말뫼 시는 코쿰스조선소 부지를 매입하여 도크, 외벽, 구조 등만 남긴 채 창업지원센터로 현재 활용하고 있다. 사실 창업지원센터가 들어오기 전 말뫼 시의 또 다른 활용 시도도 있었다. 'SAAB-SCANIA'사의 조립공장을 유치하려 했지만 해당 기업도 미국 GM에 인수되어 불발되고 말았다.

말뫼 코쿰스조선소

산업 침체가 도시의 위기로까지 이어지는 경험을 한 말뫼 시는 현재 지속가능한 도시를 만들기 위해 다양한 주체들과 함께 노력해 나가고 있다. 앞으로 코쿰스조선소가 어떻게 변해갈지 알 수 없지만 지역산업의 쇠퇴와 경제 침체, 높은 실업률을 겪었던 말뫼 시민들의 슬픔을 위로하고 다독여주는 공간이자 위기 극복의 간절한 염원이 담긴 도전과 용기의 공간으로 남겨지고 이를 지향해야 할 것이다.

최근 불황을 겪었던 국내 조선업을 떠올리지 않을 수 없다. 골리앗크레인을 매수한 울산 현대중공업 미포조선소는 2018년 골리앗크레인의 작동을 멈췄다. 언론에서는 이를 두고 말뫼에 빗대어 '울산의 눈물'이라는 표현을 쓰기도 한다. 조선업이 지역산업인 거제, 통영, 울산 등은 저마다의 이유로 어느 때보다 치열한 상황에 맞닥뜨렸을 것이다. 그럼에도 불구하고 굳건할 것만 같았던 우리나라 조선업의 불황은 쉽게 받아들여지지 않는다. 어쩌면 말뫼 시민들이 느꼈을 허탈감과 막연함이 수십 년이 지난 지금 우리나라에서 재현될 수도 있다는 우려 때문인지도 모르겠다.

또 코쿰스조선소의 미래 지향과 비슷한 국내 도시가 떠오른다. 바로 한창 재개발을 추진하고 있는 부산 북항이다. 시민 공동의 사연이 있는 곳, 위로와 다독임이 필요한 곳, 새로운 부가가치 창출을 준비하는 곳이라는 점에서 코쿰스조선소의 상황과 비슷하기 때문이다. 150여 년의 역사를 가진 북항은 국제물류도시 부산을 대표하는 곳이자 다양한 역사가 있는 곳이다. 국내 최초 개항장의 현장, 굶주린 피란민들이 애타게 기다리던 군수물자 조달의 현장, 베트남 파

월 장병을 떠나보내는 가족 이별의 현장, 부두 종사자들의 집단 기억이 있는 현장이자 부산의 물류업과 경제적 번성을 주도했던 현장이다. 그럼에도 불구하고 이런 역사적 사실과 현장의 흔적들을 뒤로한 채 수익실현과 랜드마크 건설에 치중된 재개발사업은 여러 번 계획을 수정했으나 여전히 갈피를 잡지 못하고 있는 것으로 보인다. 북항이 가진 차별화의 대상은 무엇인지, 지역성을 강하게 담고 있는 자원은 무엇인지 다시 한번 생각해 볼 필요가 있다.

말뫼 시의 서두르지 않는 여유를 배우고 시민 공동의 기억과 그것이 남아있는 현장을 지키려는 노력의 자세를 본받자. 옛 북항의 다양한 사연을 가진 시민들이 미래의 북항을 방문하였을 때, 그곳에 남겨진 그때의 흔적으로 따뜻한 위로를 선물 받을 수 있길 기대해 본다.

미디어 에볼루션 시티 내부

미디어 에볼루션 시티
말뫼 시는 코쿰스조선소의 건물 일부를
활용해 새로운 변화를 모색하고 있다.

도시를 이해하는 창조기업의 역할
코펜하겐 '레프살렌'과 '미켈러 쉐이븐'

레프살렌 지역은 덴마크 최대 조선소였던 B&W(Burmeister & Wain) 조선소가 있던 곳이다. 말뫼 코쿰스조선소의 골리앗크레인은 현대중공업에 매각되기 전에 이곳으로 옮겨질 계획이었지만 매각 직전 B&W조선소가 파산되었다고 한다.

현재 옛 조선소 시설 중 몇 개의 공간은 전시시설과 상업시설로 활용되고 있다. 하지만 왠지 모르게 삭막하다. 규모가 너무 커서일까? 사람들의 활동이 없어서일까? 건물은 잘 보존되어 있어 좋았지만 깊은 감동으로 다가오진 않았다. 이 정도의 재활용 사례를 너무 많이 접해서 그런 것일까..? 나의 공간적 감수성이 무뎌졌음을 의심하게 된다. 규모의 차이는 있지만 최근 우리나라에서도 오래된 건물을 재활용한 사례를 많이 접하기 때문인지도 모르겠다. 가치 있는 공간에 대한 시민들의 이해와 공간연출 능력도 예전보다 상향 평준화되었음을 다시 한번 느끼게 된다.

레프살렌 지역 내 스트리트 푸드 레펜(Reffen)으로 발걸음을 돌렸다. 점점 사람들 소리가 크게 들린다. 활력이 느껴진다. 유럽에서 흔히 볼 수 있는 스트리트 푸드이기 때문에 특별한 기대는 없었다. 레펜은 컨테이너를 활용한 스트리트 푸드이다. 아무렇게나 놓인 컨테이너에는 가게마다 특색있는 음식을 팔고 있고 손님들은 그 앞에 줄 서 있다. 컨테이너를 잘 활용하였다. 이 지역의 성격을 보여줄 수 있는 최적의 아이템이라는 생각이 들었다.

산업지역에서 펼쳐지는 시민들의 여가활동은 '활동을 하는 사람'과 '그 모습을 보는 사람' 모두에게 이색적인 풍경이 된다. 워터프런트에 이런 활동이 있으니 더욱 매력적이다. 문득 부산의 영도가 떠오른다. 아주 많이 닮았다. 사실 잠재력은 영도가 더 훌륭하다. 수변에 늘어선 보세창고, 크레인과 계선주, 길에 널려있는 녹슨 앵커와 쇠사슬들, 바로 앞에 정박한 통통배와 건너편 산복도로 풍경까지 있기 때문이다.

수변을 등지고 돌아보니 꽤 규모가 있는 흰 창고가 있다. 덴마크 대표 크래프트 브루어리 미켈러(Mikkeller)다. 놀랍다. 잘나가는 기업이 지역성이 뚜렷한 곳에 있다는 것은 특별한 활동과 상관없이 그 공간에 존재하는 것만으로도 영향력이 엄청나기 때문이다. 유명 관광지, 간선가로나 상업가로를 최적의 입지장소로 선호하는 우리나라에서는 있을 수 없는 일이다. 외벽에 프린팅된 미켈러 로고와 변형 없이 그대로인 창고는 미켈러가 의식 있고 감각적인 기업임을 확신하게 만든다. 검색해보니 옛 작업장을 활용한 미켈러 쉐이븐(Mikkeller Baghaven)이라는 매장이다. 쉐이븐 매장에서는 그곳에서만 맛볼 수 있는 맥주를 생산하고 굿즈를 판매하고 있다.

레프살렌 지역 내 창고
창고들 중 일부는 전시장과 상업
공간으로 활용되고 있다.

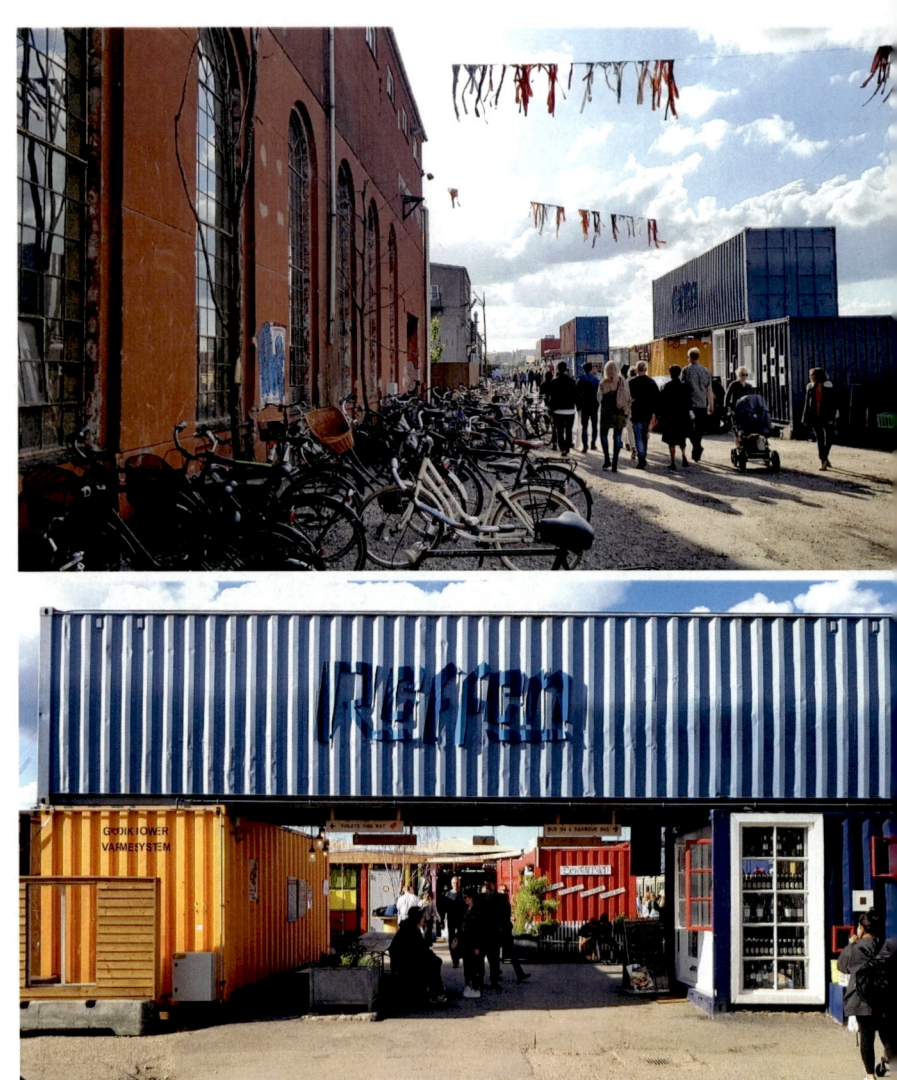

레펜

공중에 매달린 가랜드와 시끌벅적 사람들의 소리로 잔뜩 기대가 되기 시작한다. 컨테이너박스가 레프살렌의 정체성을 잘 보여준다.

'미켈러는 어떤 생각으로 이곳에 들어왔을까?' 다양한 콜라보 작업으로 새로운 양조방식을 시도하고 지역 문화를 반영한 맥주를 생산하는 기업이기에 지역성이 뚜렷한 장소를 찾아 들어온 것은 어떻게 보면 미켈러가 추구하는 가치를 입지선정으로 보여주는 당연한 일일 수도 있다. 미켈러의 이러한 가치 추구는 시민들에게 그 지역문화를 이해하는 데 도움을 주고 애착심을 불러일으키는데 긍정적으로 작용할 것이다. 더군다나 그것이 역사적 공간으로 전달된다면 말이다. 기업의 진정성 있는 가치실현이든, 고도의 판매전략이든 상관없다. 시민들은 그 지역만의 문화를 음료와 공간으로 향유할 수 있기 때문이다. 이런 공간을 누릴 수 있는 코펜하겐 시민들이 부러웠지만 사실 그보다 공간 활용을 통해 문화적으로 기여하고 있는 미켈러가 더 부러웠다.

미켈러와 같은 창조기업의 문화적 역할에 대해 생각해본다. 어쩌면 기업의 형태는 상관없을 것이다. 우리에게도 이렇게 지역과 관계를 맺는 탁월한 문화의식을 가진 기업이 필요해 보인다. 국내에서 문화산업을 선도하는 대표적인 곳으로 CJ가 떠오르지만 지역과 깊은 관계를 맺는 작업보다 공연, 영상에 집중하고 있는 모습이다. 송정역 시장 프로젝트를 진행했던 현대카드도 있지만 단발성 사업이라 아쉬움이 있다.

국내 기업들은 사회공헌을 기부, 봉사, 지원의 형태로 지속하고 있다. 특정 세대나 계층에 한정된 공헌일 수 있지만 바람직한 일이다. 하지만 일상생활에서 시민들이 체감할 수 있도록 한다면 더 큰 영향을 줄 수 있을 것이다. 사회공헌의 방식을 고민하고 바꿔보자. 미켈러와 같이 의식 있는 기업임을 드러낼 수 있도록 말이다.

이런 관점에서 최근 'CJ CGV'의 활동을 눈여겨볼 필요가 있다. 국내 대기업으로서는 드물게 옛 자산을 재활용하는 사업을 추진 중이기 때문이다. 그 대상은 바로 인천 내항의 폐곡물창고이다. '상상플랫폼 사업'이라는 이름으로 도심과의 접근성을 높이고 최첨단 디지털 기술이 결합한 복합테마파크로 전환하는 계획이다.

우리에게도 지붕구조가 드러난 독특한 창고영화관이 생길까? 자본력이 풍부한 대기업이 활용하는 자산은 어떤 모습으로 변할까? 기대된다. 옛 건물과 첨단기술이라는 점이 독특하면서도 걱정스럽기도 하다. 혹여나 공공성보다 수익 창출이 우선되진 않을지, CJ 계열사가 독점하진 않을지, 많은 기능의 도입으로 조잡진 않을지 한편으론 우려스럽다. 기대 반 걱정 반이지만 대기업의 전무한 자산 활용 시도이기에 비판보다는 응원과 격려를 보내고 싶다. CJ의 상상플랫폼 사업이 향후 대기업의 다양한 문화적 시도를 촉발하고 확장하는 계기가 되길 바래본다. 미켈러 쉐이븐처럼 도시를 이해하는 문화공간이 구석구석 들어섰으면 한다.

레프살렌을 떠나며 바라본 풍경
잔디는 야외공연장으로 이용되기도 한다.

137

미켈러 쉐이븐

옛 조선소 건물을 그대로 활용한 미켈러
쉐이븐 매장. 독특한 박공 지붕의 형태를
잘 활용하였다.

슬쩍 한마디

● **GONI**   이 주제를 읽을 때마다 왜 계속 울산 생각이 나는 걸까?
주저하지 말고 변화에 미리 대응하자 울산!!!

● **JOY**   위기를 기회로...
산업구조변화를 겪고 있는 우리나라 여러 도시들이
생각난다. 잘 대응하고 있는 것일까.

● **ALYSSA**   레프살렌... 민간에서 이렇게 큰 부지에 있는
폐산업시설을 재생해서 활용하는 것만으로도
큰 의미가 있는 듯하다. 버려진 공장시설을 활용해서
쓰는 여러 가지 기능들을 모아놓은 듯...

● **SOOM**   헬싱외르 해상박물관은 모든 면에서 완벽했다.

● **ILMARE**   산업이 쇠퇴한다고 해서 공간이 쓰임새를 잃는 건 아니다.

● **DEEP**   폐산업지역, 녹슬고 낡고 빛이 바래서 '브라운 필드'.
이 주제에 유독 브라운 컬러의 사진이 많고, 포인트 색상도
브라운이라는 점을 독자 여러분들도 눈치채셨으면 좋겠다.

06

'BIG'
was big

BIG | 비아이지
코펜하겐을 가고 싶었던 첫 이유

내가 BIG에 대해 글을 쓰게 된 이유의 절반은 여론에 떠밀려서다. 책의 주제를 나눌 때부터 이미 BIG 옆엔 내 이름이 적혀있었다. BIG가 나의 최애 건축가였다고 스스로 떠벌리고 다닌 결과다. 사실 건축을 잘 알지도 못할 뿐 아니라 BIG를 잘 안다고 할 수도 없어서 이 주제를 맡게 된 것이 부담스럽다. 그러나 그렇다고 해서 강력히 거부할 만한 이유는 없었으며 이런 부담이 싫으면서도 내심 좋았기 때문에 절반은 내가 원해서 쓰고 있는 것이 맞을 것이다.

코펜하겐 도시를 처음 알게 된 건 어릴 때 했던 보드게임 부루마블을 통해서다. 그리고 코펜하겐에 가보고 싶다고 생각한 것은 한참 후인 대학 시절이다. 수변공간 활용 사례를 찾다가 우연히 BIG가 설계한 야외수영장 사진을 보게 되었다. 한 남성이 다이빙하는 사진이 있었는데 그 장면이 기억 속에 강하게 자리 잡았는지 지금까지도 나에게 코펜하겐은 도시 한복판에서 수영할 수 있는 곳으로 연상된다.

아이러니하게도 BIG의 야외수영장은 못 보고 왔다. 일정상 야외수영장은 자유시간에 보고 와야 했으나 나는 그 시간에 코펜하겐에서 유학 중인 친구와 커피를 마시게 되었다고 한다. 사실 꼭 봐야 한다는 생각을 접었던 것은 이미 코펜하겐의 다른 야외수영장들을 많이 봤기 때문일지 모른다. 그렇다 하더라도 BIG를 주제로 쓰게 될 줄 알았더라면 어떻게든 보고 오는 거였는데 싶다.

이번 글의 주제이자 나에게 코펜하겐의 이미지를 만들어준 BIG는 건축가 '비야케 잉겔스'를 중심으로 한 건축 사무소 이름 Bjarke Ingels Group의 앞자를 딴 것이다. 편의상 '비야케 잉겔스'와 '비야케 잉겔스 그룹' 모두 BIG로 통칭하겠다. BIG는 코펜하겐 출신의, 현재도 코펜하겐에 사무소를 두고 활발히 활동하는 젊은 건축가이다. 그는 30대에 이미 세계에서 주목하는 스타 건축가가 되었고, 2016년 미국 타임지에서 뽑은 세계에서 가장 영향력 있는 100명 중 한 명으로 뽑히기도 했다.

DAC에서 열린 BIG 전시
BIG는 혁신적인 사고를 바탕으로 한 개성 있는 젊은 건축가로 코펜하겐뿐 아니라 유럽, 미국, 아시아 각지에서 다양한 작품을 내보이고 있다.

145

BIG가 설계한 작품들을 들여다보면 할 말을 잃는다. 너무 멋있는 바람에 입을 다물 수 없어서가 아니고 작품만을 보면서는, 그러니까 내가 왜 특별히 BIG를 좋아하는지 설명할 수 없어서다. 물론 예외적으로 너무 좋은 것도 있다. 좋은 건 대부분 기대하지 않을 때 찾아오곤 하는데, 헬싱외르의 국립 해상박물관도 그랬다.

해상박물관은 세계문화유산으로 지정된 크론보르 성을 차폐하지 않기 위해 지하에 설계되었다. 일부러 파낸 것은 아니다. 원래 이곳은 수선이 필요한 선박이 들어오는 드라이 도크(dry dock)자리였다. 도크라는 장소적 장치가 설계 요소로 활용되어 멋진 디자인이 만들어졌을 것이다.

나중에 알게 된 바로는 현상 공모 당시 도크를 채워야 한다는 설계 지침이 있었다고 한다. 그것을 알고도 BIG는 도크를 그대로 비워둔 설계안을 공모에 냈고, 결국 공모 지침을 따른 다른 설계안을 제치고 당선되었다. 심사위원들을 설득시킬 만큼 본인의 설계안에 자신이 있었기에 가능한 행동이다.

덴마크 국립 해상박물관 (2013)
선큰(sunken) 구조의 해상박물관.
연결 브릿지와 계단이 보인다.

전시관 한쪽에서는 해상박물관의 설계 과정을 보여주고 있는데, 방식이 재미있다. BIG가 낸 책 "YES IS MORE"와 같은 코믹북 형식이다. 책 제목에서 짐작할 수 있다시피 그는 물음에 대한 답을 회피하거나 돌려 말하지 않고 긍정에 기반한 해답을 찾는다. 이를테면 왜 이곳에 브릿지를 설계해야 했느냐고? 그건 말이지 하고 이야기해주는 식이다. 당연한 것 아닌가 싶지만, 우리는 그동안 불친절한 건축가들의 성의 없는 대답이나 어려운 말을 이해한 척하고 넘어간 경험이 많아서 이런 명료한 대답이 신선하고 고맙다.

건물을 이해하기 위해서는 건축가의 의도를 아는 것이 가장 중요할 것이다. BIG는 아이들도 쉽게 이해할 수 있도록 만화책 형식을 빌려 대중들에게 가까이 다가가 설계 의도를 알려준다. 중요한 것은 두세 줄의 쉬운 말로 설명한다는 것이다.

또, BIG는 다이어그램의 대가이다. 그의 다이어그램을 보면 어떤 과정을 거쳐 결과물이 나오게 되었는지 어렵지 않게 이해된다. 복잡한 것을 단순하게 하는 그의 재능이 놀랍다. 한때 나는 그가 사용하는 다이어그램을 따라 했던 적이 있는데, 그러면 덩달아 나도 유쾌하고 쿨한 사람이 된 듯한 기분이 들곤 했다. 그가 설계한 건물을 직접 보고 그 안에서 작업 과정까지 확인하니, BIG가 얼마나 표현을 잘하는 사람인지 더 잘 느낄 수 있었다.

코믹북 형식의 전달방법
만화가가 꿈이었다는 BIG는 건축가가
되어 건축과 만화를 결합하였다.

혁신적이고 창의적인 방법으로
이루어지는 다양한 시도들

이번 답사에는 우리 회사와 공동 작업을 많이 해 오던 건축사무소 소장님도 함께 했다. 건축사가 함께하니, 여러 가지로 유익했는데 특히 덴마크 건축을 이해하는 데 도움이 됐다.

그는 덴마크 건축의 특징으로 두 가지를 강조했는데, 그것은 중정(courtyard)과 동선 계획(flow planning)이다. 덴마크는 전통적으로 중정 문화가 있어서 현대 건물을 지을 때도 건물 가운데에 공공공간 혹은 준 공공공간에 해당하는 공간을 확보한다. 또, 빛의 활용을 중시하는 네덜란드 건축과 달리 이용자의 동선에 중점을 둔 설계를 한다고 한다. 그가 덴마크 건축을 설명할 때 굳이 네덜란드와 비교하셨는데, 아마도 네덜란드가 현대 건축으로 워낙 유명해서 자주 비교 대상이 되는 것 같다.

그 후부터 신축 건물이나 리모델링 건물을 볼 때 이 건물이 얼마나 덴마크적인 건물인지를 그 두 가지 관점으로 살폈던 기억이 난다. 2000년대 초반에 계획되었다는 신도시 외레스타드에서도 그랬다. 제일 먼저 본 8 하우스는 외레스타드의 가장 남측에 자리 잡고 있는 복합 용도(mixed-use) 공동주택으로, 숫자 8처럼 생겼다고 8 하우스이다.

'8'을 구성하고 있는 두 개의 동그라미는 오픈스페이스로 주민들의 커뮤니티를 위한 공간으로 사용되며, 교차하는 부분은 터널로 연결되어 있다. 내부 보행로는 경사를 완만하게 만들어 꼭대기층까지 연속적으로 이어지도록 설계하여, 자전거를 타고 집 앞까지 올라갈 수도 있다. 과연 중정과 동선 계획이 모두 돋보이는 '덴마크적' 건물이다.

8 하우스
주거공간은 촬영이 금지되어 있다. 많은
사람들이 방문하고 사진을 찍어 주민들의
스트레스가 큰 것 같았다.

8 하우스 (2010)
건물이 감싸고 있는 공간은 커뮤니티 공간
이다. 남서 방향으로 경사를 주어 일조와
신선한 공기, 자연 조망을 확보했다.

다음으로 본 VM 하우스는 BIG의 첫 주거 프로젝트이자, BIG 사무소 창설 이전, OMA 동료인 JDS와 함께 PLOT 건축 사무소를 운영할 때 설계한 공동주택이다. 8 하우스와 마찬가지로 하늘에서 보았을 때 알파벳 V와 M처럼 생겼다고 해서 VM 하우스란다. 그러고 보면 덴마크 사람들은 참 직관적인 것 같다. 디자인 박물관에서도 직관적인 네이밍을 자주 볼 수 있었는데, 유명한 디자이너 의자의 이름이 갈매기, 뱀, 지그재그... 뭐 그런 식이었다.

VM 하우스 (2005)
사진은 VM 중 V 하우스의 남쪽으로
삼각형 모양의 발코니가 특징이다.

VM 하우스는 더 콘셉추얼하다. 개념이 형태 그대로 드러나고 있다. 건물이 V와 M자 모양으로 꺾인 것은 모든 세대가 최대한 자연 채광과 조망을 확보하기 위함이고, 조금 과하게 느껴지는 뾰족한 발코니는 주민들 간의 원활한 소통을 위해서라고 한다. 안타깝게도 테라스에 나와 있는 사람이 아무도 없어서 실제로 원활한 소통이 일어나는지는 확인하지 못했다. 그러나 테라스에 나와서 햇빛을 즐기고 마주치는 이웃과 안부를 묻기도 하며, 어쩌면 공놀이도 할 수 있겠다는 상상을 하니 재밌긴 하다.

 이어서 VM 하우스 옆에 나란히 위치한 마운틴 주택(Mountain Dwellings)을 보러 갔다. 이곳은 원래 주차장 부지였기 때문에 기존 주차장 수요를 고려하여 삼 분의 이는 주차장으로 설계하고, 나머지는 주거 공간으로 주차장 위에 테라스하우스 형태로 올렸다. 여기서도 햇빛과 신선한 공기, 자연 조망을 살린다는 개념으로 건물은 산의 모습을 하고 있다. 구릉지나 산이 거의 없는 코펜하겐에서는 산을 형상화 했다는 것 자체로 큰 센세이션이었을 것이다.

 사진으로는 흥미로워 보였지만 실제 눈앞에서 볼 땐 별 감흥이 없었다. 세 개의 공동주택 모두 BIG의 대표작으로 이미 많은 사진을 봤기 때문일까. 어쩌면, 우리가 이곳을 방문한 날이 휴일에, 하필 날씨까지 흐려서 바깥에 나온 사람들이 적었던 것이 감흥의 부재를 가져온 큰 이유일지도 모르겠다. 주거 건물인 만큼 실거주민들의 활동을 보았거나 이야기를 들어보았더라면 좋았겠다. 공간에 구현된 개념들이 실제 일상에서 어떻게 경험되고 있는지 궁금하다.

마운틴 주택 (2008)
산이 그려져 있는 주택 외부 모습과
내부의 입체적인 주차장

답사를 오기 전에 건축디자인 잡지 dezeen에서 건축상을 수상한 건축물들을 보는데 건물의 경사를 따라 스키장을 조성한 조감도 하나가 눈길을 끌었다. 아마게르 바케(Amager Bakke)라고 하는 열병합 발전소 건물이다. 기피시설일 수 있는 발전소에 덴마크인들에게 환영받을 스포츠인 스키와 암벽타기를 접목시켰다. BIG의 파격성을 보여주는 건물이다. 알고 보니 일부 공간을 시민을 위한 공간으로 조성해야 한다는 코펜하겐 시의 설계 지침이 있었다고 한다. 스키장은 올해 여름부터 시민들에게 개방된다고 하는데, 직접 보러 가지는 못했다. 열정은 앞서나 체력이 뒤따르지 않는 게 늘 문제다.

아마게르 바케 (2017)
덴마크 건축센터(DAC)에서 열린 BIG
전시, 레고로 만든 모형

이제 보니 최근 BIG는 여러 가지 사회적 문제를 건축적으로 해결하기 위해 다양한 노력을 하고 있었다. 이민자들이 많이 살고 있는 뇌레브로 지역의 갈등을 해결하기 위한 슈퍼킬른 프로젝트에 참여하고, 코펜하겐의 높은 집값으로 고달파 하는 학생들을 위해 어반리거(Urban Rigger)의 설계를 맡기도 했다. 어반리거는 여섯 개의 폐 컨테이너를 재활용하여 만든 수중 기숙사로, 조립과 이동이 비교적 쉬워 하나의 프로토타입으로서 보급화를 목표로 하고 있다. 덴마크 정부의 꾸준한 지원으로 조만간 스웨덴에 수출할 계획이라고 한다.

한편 우리나라에서도 국토부 사업으로 조립식 주택 연구가 진행되어 두 개의 실증단지가 얼마 전에 준공되었다. 대량 생산 체계를 구축하기까지는 기술 발전과 인식 개선 등 시간이 더 필요해 보이지만, 머지않아 조립식 주택이 우리나라 주거 문제를 해결하는 데에 실질적인 도움이 되면 좋겠다고 생각했다.

어반리거 (2016)
경제성과 환경적 지속가능성을 추구하는
어반리거. 건물에 이용되는 총 에너지의
75%를 바다에서 얻는다.

한국으로 돌아가기 전날 BIG 전시를 보기 위해 우리 일행은 덴마크 건축센터(DAC, Danish Architecture Center)를 다시 찾았다. 그동안 보았던 BIG 작품의 개념이 궁금하기도 했고, 이전 DAC 방문 시 전시 준비 모습을 얼핏 엿보았을 때 전시 퀄리티가 꽤 괜찮아 보였기 때문이다.

전시 공간에 들어서자 2m 정도 되는 전광판에서 BIG가 우리를 맞이하고 있다. 소통왕답게 대중들과 같은 눈높이에서 전시 개요를 설명해준다. FormGiving 전시는 말 그대로 BIG 작품들의 형태가 어떻게 만들어졌는지에 대한 답을 찾을 수 있는 전시이다.

아이들 놀이공간이 마련되어 있는 PLAY 코너에는 BIG의 대표 작품에 대한 간단한 제작 과정과 레고로 만든 모형이 전시되어 있었다. BIG가 레고를 좋아한다는 것은 알고 있었지만 이렇게 많은 모형을 레고로 제작할 줄이야. 작은 디테일까지 묻어나는 레고 모형이 귀엽다고 생각하면서 동시에 BIG 직원들은 이 기발한 아이디어를 낸 윗사람을 원망했을지도 모르겠다고 생각했다.

실물 크기의 전광판을 통해
전시개요를 설명하는 BIG

BIG 작품의 레고 모형
위에서부터 차례대로 마운틴 주택,
어반리거, 피플스 빌딩(중국 상하이)

　짧은 답사기간 동안 "이것도 BIG야?"라는 말을 꽤 많이 하고 들은 것 같다. 그 정도로 이 작은 도시에서 정말 많은 BIG의 흔적들을 볼 수 있었다. 마지막 날 DAC에서 하는 전시까지 보고 나니 BIG의 존재감이 더 크게 실감되었다.

　개인적으로 건물 디자인 취향은 잘 맞지 않는 듯하다. 아무래도 지역 맥락을 중시하는 도시계획 분야에서 일하고 있어서 더 그럴 수도 있겠다. BIG 작품이 있는 곳은 그곳이 어디든 그 건축물만이 가장 두드러지고 있었다. 어찌 되었건 BIG가 덴마크에서 사랑받는 건축가임은 분명해 보인다. 그 이유는 그 역시 덴마크를 사랑하고, 덴마크가 좋아하는 지점들을 그의 건축에 잘 반영하고 있기 때문 아닐까?

FormGiving 전시
열 가지 콘셉트의 전시. 콘셉트의 설명은
DAC 홈페이지에서 확인할 수 있다.

　　코펜하겐에 오기 이전에 내가 알고 있던 BIG가 '젊고 천재적인
건축가'였다면, 지금은 '조금 중후해지고 여전히 천재적이며 다양
한 사회문제에 건축적 해결을 시도하는 건축가'로 업데이트되었
다. 물론 주거, 빈곤 등의 사회문제는 여러 가지가 복잡하게 얽혀
있기 때문에 단순히 건축적인 접근만으로는 해결이 어려울지도 모
른다. 그렇기에 얼마나 깊이 있는 고민을 하는지가 중요하겠지만,
앞으로도 지금처럼 BIG만의 혁신적이고 창의적인 방법으로 재밌
는 시도가 많이 이루어지고 잘 작동되기를 바라본다.

슬쩍 한마디

● **SOOM** 극단적인 형태를 합리화하기 위한 과도한 콘셉트는
아니었는지, 살고 있는 주민들도 만족하는지 궁금하다.

● **ALYSSA** BIG라는 건축가의 존재감.
역시 본거지여서일까. 그 영향력은 대단하다.
그러나, 신도시에서 본 BIG의 공동주택 시리즈는
스케일을 극복하지 못한 결과물 같아 아쉬웠다.

● **JOY** 스타 플레이어. 그 영향은 혁신일까, 부조화일까.

● **CHAM** 큰 기대는 하지 않았지만 역시나 주변과 어울리지 않는
홀로 튀는 형태의 건축물은 적응이 되지 않는다.
그런데도 사회문제 해결에 바탕을 둔 가치추구와
노력의 자세는 충분히 본받을 만 하다.

● **ILMARE** 눈(image)으로만 봤을 때는 조금 과하다, 튄다고
생각됐지만, 머리(text)로는 이해가 되는 건축이었다.
나 BIG에 설득당한 건가ㅋ
내게도 건축가를 꿈꾸던 시절이 있었는데...

07

금지가 최소화된 도시,
일상공간의 창의적 디자인과 활력

post by ILMARE

코펜하겐에 머물면서 가장 인상 깊었던 것을 꼽으라면 남녀노소 할 것 없이 도심 곳곳의 바다에 풍덩 뛰어드는 사람들의 모습이다. 친구나 연인끼리, 가족끼리 혹은 혼자서 수영하고, 다이빙하고, 미끄럼틀 타고, 그저 물 위에 둥둥 떠서 웃고 떠들거나 나무 데크에 누워 일광욕을 즐기는 모습이 자유롭고 개방적인 느낌이었다. 과장을 조금 보태면 거대한 도시 목욕탕 같았다고 할까? 퇴근길에 잠깐 들러서 옷은 대충 벗어두고 바닷물에 뛰어들었다가 툭툭 털고 집으로 돌아가는 모습을 보며, 그들에게는 바다에 뛰어드는 일이 그리 특별하지 않음을 알 수 있었다. 6월이라는 계절의 영향도 있었을 테니 코펜하겐의 여름에만 받을 수 있는 인상일 수도 있겠다.

운하에서 물놀이를 즐기는 사람들
보트투어 중 자유롭게 물에 뛰어드는
사람들을 여럿 보았다.

도심 활동을 물과 더 가깝게,
흥미로운 디자인과 콘셉트의 수변공간

항구도시, 수변도시라 불리는 코펜하겐은 물이 있는 곳 어디든 뛰어들어도 된다. 위험하지 않으면 수영을 특별히 제한하지 않는다. 입수 구역이 정해져 있다고 들었는데 우리가 본 도심 대부분의 바다에서 사람들이 수영을 즐기고 있었다.

재밌는 것은 운하와 바로 맞닿은 수변공간 어디에도 난간이 없다. 대신 물 위로 안전하게 올라올 수 있는 계단이 곳곳에 설치되어 있다. 처음에는 위험할 수도 있겠다 생각했는데 어디서나 수변 활동을 즐기고 싶은 시민들의 욕구가 반영된 것이 아닐까 하는 생각이 든다.

수영을 마치고 물 위로 올라온 사람들
코펜하겐에서 이삼일만 머물면 이런 모습은 정말이지 흔한 풍경이다.

169

난간 대신 사다리가 설치된 수변
자유롭게 물속으로 뛰어들 수 있고,
안전하게 올라올 수 있는 환경이다.

그래서일까? 수변 활동을 위해 조성된 공간들이 눈에 많이 띈다. 그런데 어느 것 하나도 같은 디자인이 없다. 특별하거나 대단한 디자인은 아니지만, 공간과 사람에 대한 깊은 고민이 엿보이는, 그래서 더 근사하고 창의적으로 느껴지는 공간들이었다.

메리어트 호텔 앞의 '칼브보드 웨이브(Kalvebod Bølge)'는 물결 모양의 데크를 따라서 산책하고 휴식할 수 있는 장소다. 그뿐만 아니라 보트 접안시설과 다양한 행사를 개최할 수 있는 광장, 수영부터 카약 타기까지 다양한 수상 활동을 위한 시설을 갖추고 있다. 우리가 갔을 땐 저녁 8시가 넘은 시간이라 사람들이 많지는 않았지만, 아이들이 워터슬라이드를 타고 노는 모습을 볼 수 있었다. 나중에 알게 된 사실이지만 이 워터슬라이드는 카약 슬라이드를 즐길 수 있게 만들었다고 한다. 처음 설치했을 때는 슬라이드를 타

워터슬라이드를 타며 노는 아이들
아이들이 깔고 타는 건 며칠 전 끝난
국회의원 선거 포스터였다.

고 내려오다가 데크를 지지하는 기둥과 부딪칠 위험이 있어서 논란이 되기도 했다. 그때 폐쇄하거나 철거할 수도 있었지만, 슬라이드 방향을 바꾸는 방법을 제안한 설계자의 의견을 받아들여 재설치하였고 지금까지 잘 이용되고 있다. 도심 한가운데서 카약을 타고 미끄럼틀을 탈 수 있다니! 생각만 해도 재밌을 것 같다. 마치 롯데월드에서 후룸라이드를 타는 기분이 아닐까?

칼브보드 웨이브
다양한 활동을 수용하기 위해 만들어진
창의적 수변공간

어디서든 바다에 들어갈 수 있는 도시이긴 하지만, 코펜하겐에
는 하버 바스(Harbour Bath)라고 불리는 공공수영장이 수변 곳곳
에 설치되어 있다. 우리나라의 한강 고수부지 수영장처럼 락스 냄
새 풀풀 나는 인공 수영장이 아니라, 바닷물을 막아 만든 자연 수
영장이다. 이곳에는 안전요원도 있고, 수심이 얕은 어린이용 풀장
도 갖추고 있어서 좀 더 안전하게 물놀이를 즐길 수 있다. 물론 누
구나 무료로 이용할 수 있다.

앞에서 얘기한 칼브보드 웨이브 건너편에 있는 하브네바데 아
일랜드 브뤼게(Havnebadet Islands Brygge)는 코펜하겐에서 가
장 처음 만들어진 하버 바스이자 덴마크의 유명한 건축그룹 BIG가
설계한 것으로 잘 알려져 있다. 나무 데크로 구획된 공간과 배 앞
부분을 형상화한 듯한 다이빙 타워의 모습은 수영장 하면 떠오르

는 획일적인 이미지(네모반듯하고 파란 페인트가 칠해진)가 아니어서 더 인상적이었다. 같이 간 일행 중 유일하게 수영복을 챙겨온 GONI가 직접 이용해본 후기에 의하면 생각보다 바닷물이 깨끗해서 놀랐고, 수영하고 나서 공원 잔디에 누워 솔솔 부는 바람과 햇볕에 몸을 말리는 기분이 상쾌하기 그지없었다고 한다.

나는 좋은 공간들을 볼 때마다 사람들의 다양한 활동을 담아내기 위해 이런 공간이 만들어진 것인지 아니면 좋은 공간이 만들어져서 사람들의 활동이 일어나는 것인지 궁금했는데, 다시 생각해보니 닭과 달걀의 관계처럼 선후를 따지는 것이 무의미한 것 같다. 무엇이 먼저든, 무슨 이유든 간에 창의적인 공간은 코펜하겐 사람들의 일상생활을 더욱 활력 있고 풍부하게 만들고 있음이 분명하다.

하브네바데 아일랜드 브뤼게
칼브보드 웨이브에서 바라본 모습.
데크로 만들어진 다이빙대가 보인다.

일상의 작은 공간부터,
창의적인 놀이터 디자인

　코펜하겐의 어린이 놀이터는 일상생활 속에서 창의적인 디자인을 경험할 수 있는 또 다른 공간이다. 미국이나 유럽의 다른 도시들과 마찬가지로 우리가 코펜하겐에서 본 놀이터 중에는 디자인이 같은 놀이터가 단 하나도 없었다. 우리나라에 비해 놀이시설의 모양도 크기도 색깔도 재료도 참 다양하다. 바이킹의 후예라 그런지 놀이터마다 배 모양의 놀이시설이 많았는데 일상의 소소한 공간디자인에서부터 도시의 정체성을 보여주는 것 같아 인상적이었다.

　사실 놀이터의 디자인보다 더 기억에 남는 것은 그곳의 자유로운 분위기였다. 요즘 놀이터에서 노는 아이들을 찾아보기 어려운 우리나라와는 달리, 유모차를 타고 나온 어린아이부터 초등학생, 심지어 중학생으로 보이는 아이들까지 다양한 연령대의 아이들이 함께 어울려 놀고 있었다. 아이들과 함께 나온 부모들은 놀이를 가르쳐주거나 멀리서 지켜볼 뿐 위험하다고 아이들의 놀이를 막거나 개입하는 경우가 거의 없다. 우리나라에서는 아이의 행동이 조금만 불안해도 연신 "안 돼, 위험해"라고 외치며 그저 아이들 따라다니기 바쁜 부모들을 종종 볼 수 있는데, 이곳은 부모와 아이들 모두 자유롭고 여유로워 보였다.

네이처센터 아마게르
(Naturcenter Amager)
드넓게 펼쳐진 잔디밭 위에 나무로 만든
배 한 척이 놓여있다.

노르하운 주거단지 내 놀이터

항구 지역의 특성을 살린 놀이터
디자인이 돋보인다.

레프살렌의 스케이트보드 공원

바로 옆에 스트리트 푸드마켓(Reffen)과
미켈러 브루어리가 있어 다양한 사람이
모이고 다양한 활동이 어우러진다.

"잔디에 들어가지 마시오. 난간에 기대지 마시오. 올라가지 마시오. 수영금지."

금지하는 것도 많고, 걱정도 많은 우리. 창의성은 자율성에 비례한다는 말이 있는 것처럼, 규율이 적은 도시, 금지하는 것이 적은 도시가 창의적인 공간을 만들어 내고 다양하고 자유로운 활동을 만들어 내는 것 같다. 하나하나 신경을 곤두세우고 살아야 하는 도시보다 최소한의 룰 안에서 개인에게 자유와 책임을 적절하게 부여하는 분위기가 창의적인 도시를 만드는 것 아닐까?

콘디타게트 류더스
(Konditaget Lüders)

노르하운 지구 주차장 옥상에 조성된
놀이터. 어린이공간이 부족한 서울의
주거지에도 적용해보면 좋겠다.

슬쩍 한마디

● **CHAM**
풍부한 수변자원 + 창의적 친수공간 + 일상화된 수변활동
국내 수변도시들이 진정한 수변도시라고 할 수 있을까?
반드시 코펜하겐을 참고하자.

● **GONI**
까망물개인 나에게 언제 어디서든
물에 뛰어들 수 있는 천국과도 같은 도시^^

● **SOOM**
우리 도시에도 강과 하천이 많은데,
사람들이 보다 쉽게 접근하고, 뛰어들게 만드는
창의적인 아이디어가 절실하다.

● **DEEP**
도시에 젊음, 활기는 가득했지만,
어딘가 낭만은 부족한 느낌적 느낌?

● **JOY**
학교 주변 보도에 난간 설치 말자.
그것도 관급자재로 똑같은 모양으로.
들어가지 못하게 할 잔디 깔지 말자.
하지 말라는 표시보다는 해보라는 사인을 읽을 수 있도록
공간을 조성하자. 특히 어린이들을 위해서는..

08

그래도
도시계획

post by SOOM

나는 삶의 흔적들이 쌓여있는 장소에 매력을 느끼고, 이상적인 신도시를 꿈꾸는 일보다 현실적인 문제들이 쌓여 있는 기성 시가지를 관리하는 일이 더 재미있고, 가치 있다고 생각해 왔다. 하지만 나는 이런저런 이유로 신도시에 살고 있고, 단조로운 도시공간 속에서 신도시에서의 삶이 얼마나 지루한지 매일매일 느끼며 살아간다. 신도시 계획이 재미없다고 느낀 이유도 계획이 그만큼 단조롭고 획일적으로 수립되어 왔기 때문이다.

우리나라의 초기 신도시 계획은 대규모의 획일적인 아파트 단지와 도시기능이 분리되어 활기 없는 도시공간, 차량 중심의 도시구조와 폐쇄적인 가로공간을 양산하면서 많은 비판을 받아 왔다. 최근에는 신도시 계획에서도 활력있는 생활가로 조성과 창의적인 건축설계 등 다양한 시도가 이루어지고 있지만, 여전히 아파트 단지는 사적 공간이 더욱 강조되고, 역세권과 상업지역에만 사람들이 집중되어 중심지 주변의 가로는 주차장을 방불케 한다.

코펜하겐에는 도심 주변으로 네 개의 신도시가 개발되고 있다. 답사 일정에는 덴마크 코펜하겐의 외레스타드와 노르하운, 스웨덴 말뫼의 베스트라 함넨지구가 포함되었다. 코펜하겐의 도심을 둘러보면서 창의적이고 인간적인 도시공간에 너무나 감탄했던 터라, 신도시 계획은 우리와 어떻게 다른지, 어떻게 삶에 구현되는지 확인해 보고 싶은 기대감이 생겼다.

코펜하겐의 도심을 답사할 때는 훌륭한 공공건축물과 어우러진 좋은 공공공간들을 마주하면서, 건축물이 우리의 도시공간을 풍요롭게 바꿀 수 있겠다는 생각을 많이 했다. 그러나 코펜하겐의 신도시를 답사하면서 우수한 건축 설계만으로는 좋은 도시공간을 만들 수 없음을 새삼스럽게 깨달았다. 서로 다른 시기에 건설된 세 개의 신도시 지역은 '도시계획'이 어떻게 수립되느냐에 따라 도시공간의 질과 도시생활이 어떻게 달라질 수 있는지 확연하게 보여준다. 건축물이 지어지는 획지의 규모와 기능의 배치, 건축물과 공공공간을 경계 짓는 방식, 건축물의 형태와 규모, 용도 등을 결정하는 세밀한 도시계획이 무엇보다 중요하다고 생각하게 된다.

외레스타드의 돋보이는 건축물
스타 건축가들의 빛나는 건축 작품이
단조로운 도시공간과 대조된다.

사람보다 건축이 돋보이는 도시
외레스타드(Ørestad)

외레스타드는 스타 건축가들의 혁신적인 건축과 복합도시개발의 선진사례로 잘 알려져 있어 기대감을 가지고 방문했다. 하지만 메트로를 타고 지역 내부로 들어가며 받은 도시의 첫인상은 매우 실망스러웠다. 도심부에서 느꼈던 '인간적인 도시계획'은 어디로 사라졌는지, 텅텅 빈 땅에 거대한 건축물들이 듬성듬성 솟아있는 도시의 모습에 다른 나라에 온 듯한 기분까지 들었다.

개발이 끝나지 않는 도시
메트로 창문 밖으로 보이는 외레스타드의
풍경은 황량한 벌판에 듬성듬성 건축물들
이 솟아 있는 모습이다

코펜하겐 시는 도시집중을 해결하기 위해 교외화 전략(Finger Plan)을 추진했는데 그로 인해 도시의 과세 기반이 약화되었다. 이후 교외로 빠져나간 중산층을 다시 끌어들이기 위해 도심 인근에 외레스타드와 같은 신도시를 개발하게 되었다.

외레스타드는 성공적인 신도시 개발 사례로 알려져 있고, 건축 분야에서 북유럽 최고의 답사지역으로 손꼽힌다. 혁신적인 주거단지 계획과 독창적인 건축디자인 개념을 제안하면서 좋은 평가를 받고 있다. 개인적으로는 극단적인 건축 형태, 공공공간과 단절된 관계 설정 등 아쉬운 점도 있었다. 그러나 각종 건축 기준에 따라 획일적인 건축물이 지어지고, 생활하는 공간보다 개발 규모와 수익에만 관심 있는 우리의 건축환경을 떠올리니, 사용자를 고려한 창의적인 건축 실험과 그 실험이 가능한 건축 환경이 의미 있게 느껴졌다.

건축가 BIG의 8 하우스
10층까지 이어지는 8 모양의 경사로가 창의적인 건축 형태를 설명하는 중요한 설계 개념이다

189

외레스타드는 코펜하겐 도심과 국제공항, 스웨덴 말뫼를 연결하는 북유럽의 중심지역으로 구상되었다. 도시개발을 위한 토지는 공공이 무상으로 제공하고, 스칸디나비아를 연결하는 핵심 기반시설인 메트로 개발은 기업의 투자를 통해 추진했다. 그래서인지 지역의 중심을 가로지르는 메트로라인을 따라 스칸디나비아에서 가장 큰 콘퍼런스 센터와 대형 쇼핑몰, 덴마크 최대 규모의 호텔 등 대규모 자본에 의한 개발이 일어났다. 하지만 도시계획의 공공적 역할까지 민간에게 맡긴 결과, 도시는 오랜 시간 침체를 겪었다. 세계경제위기와 함께 개발 수요 부족, 막대한 지하철 건설 비용 등의 문제가 발생했고, 수익을 중시하는 기업들에 의해 도시개발이 계획대로 진행되지 못했다.

도시계획적으로도 실패한 계획이라는 생각이 든다. 기존의 도시 규모와 수요를 고려하지 않은 광대한 개발 계획은 20년이 넘도록 완성되지 않고 있다. 도시구조는 단편적이고 거대하며, 아직 개발되지 않은 빈 땅과 광활한 녹지는 황량한 분위기가 가득하다. 블록과 건물의 거대한 규모, 단일한 기능 구성은 사람들의 활동을 제약한다. 중심지로 상권을 집중시키면 지역 전체 상권을 흡수하고, 공공공간에서의 활동은 감소한다. 창의적인 건축물들은 돋보였지만, 구획된 획지 밖으로 나오면 어딘지 모르게 단조롭게 느껴진다. 세련된 공공디자인과 조경은 조화롭게 보이지만, 광장과 거리에서 사람들을 찾아보기 힘들고, 공공공간은 삭막하다. 복합도시와 지속가능성이라는 도시의 콘셉트도 잘 읽히지 않는다.

공사가림막
아니에요ㅠ

우리나라 신도시를 생각하면 크게 다를 바 없지만, 어느새 코펜하겐 도심의 휴먼스케일에 적응되었는지 방대한 오픈스페이스와 커다란 건물들은 우리를 지루하게 만들었고, 체력적으로 지치게 했다.

회사 직원의 지인이 외레스타드에 살고 있는데, 집 주변에 가게가 없어 불편하다는 소감을 전해왔다. 우리나라 신도시에서도 자주 볼 수 있는 모습으로, 나 역시 아파트 단지 주변에 마땅한 상점이 없어 정기적으로 차를 타고 역세권의 대형마트에 가거나 인터넷으로 장보기를 해결한다. 도시계획이 삶의 모습을 바꾸는 모습이다. 도시계획가들이 사람들의 일상생활에 더욱 관심을 가지고 세밀한 계획을 수립해야 한다는 생각이 든다.

바이파켄(Byparken)과 주거단지
광활한 공원과 대규모 공동주택은 오래된
근대주의 도시계획 이론을 떠오르게 한다

도시계획으로 획지와 건축물의 규모와 기능 등을 어떻게 결정하는지에 따라 사람들의 생활 방식이 달라진다. 작은 규모와 혼합된 기능들로 인간적인 도시 분위기를 만들 수도 있고, 도시공간을 활력 있게 만들기도 한다. 작은 개발 단위는 전략적인 자본 투입과 유연한 개발이 가능하다는 점에서도 중요한 계획요소가 될 수 있다.

　　최근 외레스타드의 다운타운 마스터플랜은 건축가 다니엘 리베스킨트(Daniel Libeskind)의 기존 계획안에서 코브(COBE)의 계획안으로 수정되었다. 수정된 계획안은 더 작은 규모와 혼합된 기능들로 이웃과 공유되는 활력있는 공공공간을 지향한다고 하니 개발이 모두 끝나면 지금과 어떻게 다른 모습으로 변화할지 궁금하다.

벨라바터(Bellakvarter)
다운타운 지역이 수정된 계획에 따라 작은
단위로 개발되고 있다.

193

신도시 계획에서 공공성을 확보하는 방법
노르하운(Nordhavn)

우리나라 신도시에서 과거의 흔적을 얼마나 발견할 수 있을까? 계획된 신도시 안에서 세련되게 기록된 역사적 흔적을 발견하기는 쉽지 않고, 도시의 정체성은 새롭게 꾸며지기 급급하다.

우리가 방문한 노르하운은 19세기부터 산업용 컨테이너를 실은 선박과 노르웨이로 향하는 페리가 정박하고, 창고와 공장시설이 가득했던 항만지역이다. 현재는 도심에 가까운 입지 특성과 페리 등 여객선이 정박하는 항구의 기능, 지역을 둘러싸고 있는 수변공간 등 지역의 강점을 살려 첨단수변도시로 개발되고 있다.

물의 도시 노르하운
모든 접점에서 열려 있는 수변공간과
운하를 즐기는 사람들

노르하운의 도시계획은 환경친화적 도시, 활기찬 도시, 모든 사람을 위한 도시, 물의 도시, 역동적인 도시, 녹색교통의 도시를 목표로 한다. 아직 개발이 완료되지는 않았지만, 이상적인 계획 목표와 공공성을 실현하기 위한 섬세한 도시계획을 경험할 수 있다.

다른 신도시에 비해 소규모 개발, 기능 복합화가 이루어져 도시공간에서 다양한 활동과 활력을 느낄 수 있다. 또한 지역의 역사를 도시계획에 적극적으로 반영하고 있다. 기존 산업단지의 도로 구조를 유지하고 있으며, 오래된 산업시설을 리노베이션한 건축물들이 지역의 정체성을 잘 보여준다. 특히 곡물이나 시멘트를 저장하던 창고인 사일로를 구조, 기능, 외관까지 창의적 디자인을 통해 완전히 새로운 건축물로 탈바꿈시킨 사례들은 매우 인상적이었다. 처음엔 이질적으로 느껴졌지만 지역의 역사성을 유지하면서도 새로운 가치와 활력을 부여하고 있다는 점에서 '이유 있는 오브제'라고 생각된다.

이유 있는 오브제
지역의 역사적 정체성을 형성하면서
새로운 가치를 만들어 내는 건축물

도시개발 방식도 기반시설 개발을 기업의 투자에 맡겼던 외레스타드와 대조적이었다. 메트로 개발에 따른 경제적 이익을 공공이 환수하는 구조를 만들어 공공성을 확보했다. 환수한 개발 이익금을 활용해 많은 사람들이 수변공간을 최대한 이용할 수 있도록 운하를 건설하고, 수로를 따라 산책로를 조성해 활력 있는 도시공간을 만들었다. 계획적으로는 가구와 건물의 규모가 작고 가깝게 배치되어 있으며, 주택, 사무실, 카페 등 다양한 기능이 혼합되어 있어 활력있고 인간적인 도시 분위기를 느낄 수 있다.

사적 공간과 공적 공간의 경계에서도 세밀한 디자인 퀄리티를 엿볼 수 있다. 주택의 발코니와 테라스, 카페와 사무실이 수변공간으로 열려있고, 공원, 산책로 등 공공공간과 잘 어우러져 일상의 생활공간 속에서 다양한 활동들이 벌어진다. 주거단지 앞 산책로

공공공간이 사적공간과 만나는 방식

엔 주민들이 옹기종기 모여 대화를 나누고, 카페에서는 관광객들이 사진을 찍고, 포틀랜드 타워에서 나온 직장인은 예약된 공유자전거를 타고 유유히 사라졌다. 주차장의 옥상 놀이터에서 아이들이 뛰어놀고, 운하에서는 청소년들이 수영하며 여가를 보내고 있었다. 이상적인 계획 목표로만 보였던 '환경친화적 도시, 활기찬 도시, 모든 사람을 위한 도시, 물의 도시, 역동적인 도시, 녹색교통의 도시'가 실현되고 있는 현장이었다. 외레스타드와 마찬가지로 노르하운도 도시개발이 모두 완료되고 시간이 흐른 뒤에 활성화된 모습을 다시 한번 확인해보고 싶다.

노르하운 전경
이상적인 도시계획 목표가 실현되고
있는 현장을 볼 수 있다.

사회경제적 도시재생의 모델
말뫼 베스트라 함넨 (Vastra hamnen, Malmö)

말뫼는 덴마크 코펜하겐에서 외레순다리를 건너면 한 시간 안에 도착할 수 있는 스웨덴의 작은 도시이다. 코펜하겐에서 가깝고 물가가 저렴하다 보니 말뫼에 살면서 임금이 높은 덴마크로 출퇴근하는 사람들이 많다고 한다. 우리 역시 짧은 시간에 스웨덴에 방문할 수 있는 기회를 놓칠 수 없었다.

말뫼의 서부항만지구는 조선업이 쇠퇴한 공장지대에 새롭게 조성된 친환경 도시이다. 120년간 번창했던 조선소가 문을 닫으면서 많은 사람들이 일자리를 잃고 지역을 떠났지만, 2000년 이후 새로운 일자리와 기업이 만들어지고, 다국적 기업들이 북유럽 본사를 말뫼로 이전해 왔다. 최근에는 '생태투어' 관광객이 증가하고, 말뫼대학 설립으로 마이스산업이 발달하면서 성공적인 도시로 자리 잡았다. 사실 이러한 성과를 짧은 방문 기간에 여행하면서 체감하기는 어렵다고 생각한다. 하지만 말뫼로 떠나기 직전에 읽은 말뫼 시장의 인터뷰 기사에서 '젊은 사람들이 계속해서 살고 싶은 도시'를 만드는 것이 목표였다는 이야기에 이 도시가 궁금해졌다. 실제로 말뫼 역에 도착하자 분주하게 오가는 젊은 사람들로 그 어느 도시보다 활력이 느껴졌고, 도시에 대한 기대감도 커졌다.

말뫼 시는 EU와 중앙정부의 지원을 받아 외레순 연안의 공장이 전적지인 BO01지구를 재개발하는 'City of Tomorrow Project'를 추진했다. BO01지구는 2001년 하우징엑스포 개최지로 선정되면서 친환경 주거단지 개발이 성공을 거두었고, 지속가능성에 기반한 도시개발은 인근 지역으로 확산되었다.

대학 시절, 수업 시간에 BO01지구 처음 접하던 당시엔 친환경 주거단지 설계가 미래의 일처럼 멀게 느껴졌었다. 실제로 방문해 보니 20년이 다 되어가는 지금까지 친환경도시로 우리에게 생생한 교훈을 주고 있었다. BO01지구 안에 위치한 유로피안빌리지(European Village)는 인간적인 규모와 디자인, 실개천과 어우러진 아기자기한 정원, 친환경 설계기법이 인상적인 생태주거단지이다. 사용하는 전력은 모두 풍력과 태양열 같은 재생에너지원에서 얻는다. 생활쓰레기는 지역 난방에 활용하고, 음식물쓰레기는 지하 파이프를 통해 바이오가스 공장으로 보낸다. 집마다 우수처리 파이프에서 흘러나오는 물길이 실개천으로 연결된 모습을 확인할 수 있다. 지금은 더 효율적인 친환경 기술이 개발되어 널리 이용되고 있지만, 그 당시에 이런 주거단지를 계획하고, 현재까지 잘 유지되는 모습이 인상적이었다.

사실 오랜 시간이 흘러서인지 외레스타드나 노르하운에 비해 도시 공간이 다소 투박하고, 세련미는 부족했다. 하지만, 도시의 작고 낮은 건물들의 인간적이고 아기자기한 감성이 좋았고, 공공공간도 따뜻하고 정감있게 느껴졌다. 다른 신도시들에 비해 호감이 갔던 이유는 개발이 완료되고 시간이 흘러 안정된 모습이었기 때문일지도 모른다.

BO01 주거단지

작고 낮은 다양한 주택들이 자연과
조화를 이루어 정감 있는 모습이다.

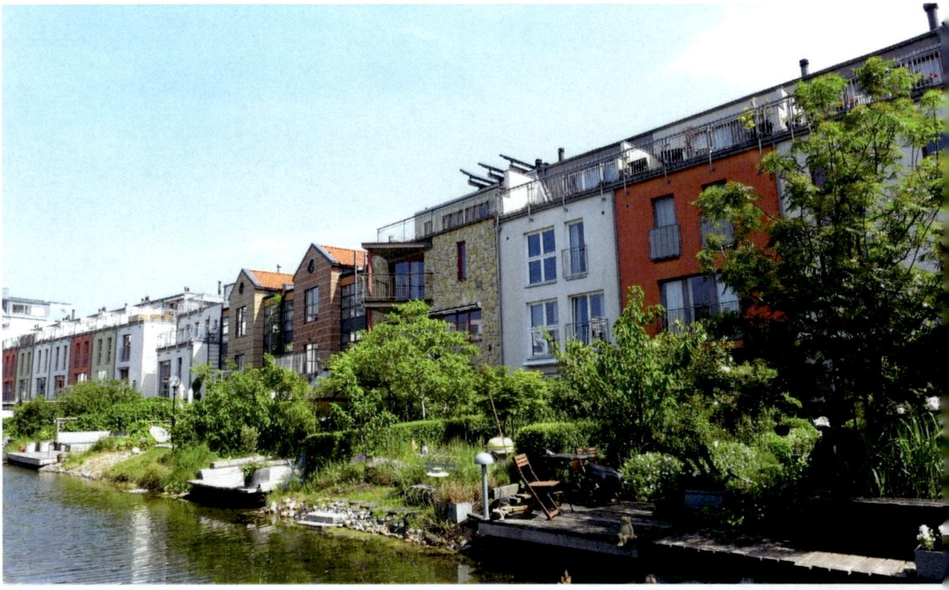

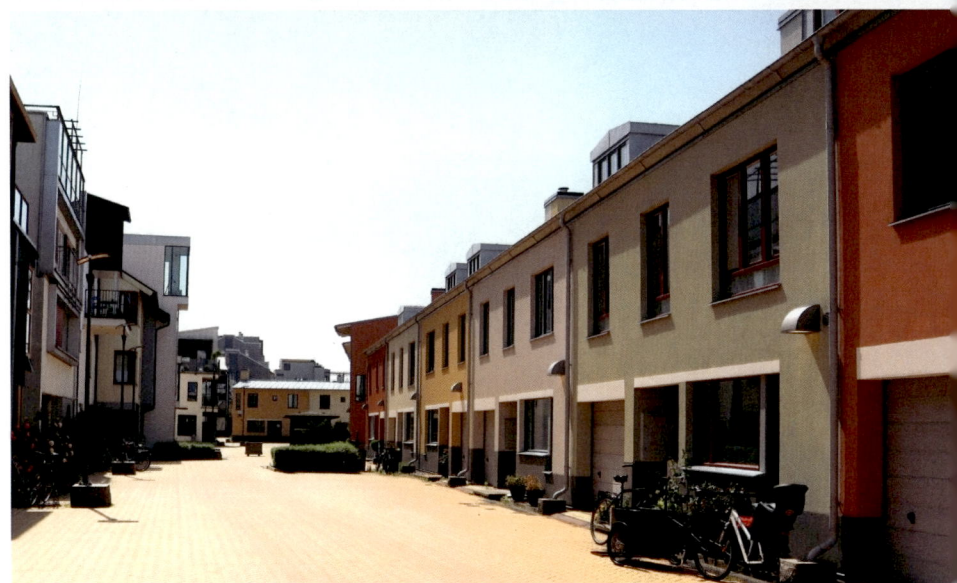

BO01 주거단지 내부
오랜 시간이 흘렀지만 건물과
공공공간들이 잘 관리되고 있다

베스트라 함넨의 진짜 변화는 물리적 재생을 넘어 사회·경제적 재생이 시작되면서 만들어졌다. 이와 함께 외레순대교 건설이 마무리되면서 말뫼와 코펜하겐이 하나의 생활권이 되었고, 말뫼대학 설립으로 다국적 기업과 세계적인 신산업 연구자들이 이주해오면서 도시경쟁력을 확보했다. 말뫼 시는 도시에 모여든 젊은 사람들이 떠나지 않고 계속해서 살면서 새로운 산업을 창조할 수 있도록 사회경제적으로 지속가능한 도시환경을 만들기 위해 노력했다. 실제 지역 곳곳에서 다국적 기업과 말뫼대학 건물을 볼 수 있었고, 한산한 도시공간 속에서도 활력있는 사람들이 눈에 띄었다.

하지만 주거지라기보다 고급 휴양지로 느껴졌는데 도시재생의 여파로 부동산가격이 상승하고, 중상류층이 모여 사는 지역으로

BO01의 공공공간
모두에게 개방된 공공공간와
워터프론트를 따라 형성된 주거단지

변모했기 때문이다. 사회통합을 위한 노력이 더 필요해 보이지만 그래도 말뫼가 도시재생 모델로 손꼽히는 이유는 친환경·생명과학·IT 산업으로의 혁신적인 전환을 통해 물리적인 도시재생과 함께 사회경제적인 재생까지 성공했기 때문인 것 같다.

사회경제적 재생의 성과를 이방인인 우리가 하루 만에 느끼긴 어려웠지만, 도시계획 일을 하면서 늘 성공적인 도시재생을 고민하는 우리에게 어떻게 도시에 인재를 모으고, 새로운 산업이 창조되는 환경을 만드는지를 보여준 좋은 사례였다.

터닝토르소
190m로 높아 보이지 않지만,
스칸디나비아에서는 가장 높은 빌딩

터닝토르소
(현실 꿀꽈배기)

유로피안빌리지
창의적인 주거공간과 자연과 환경에
대한 고민들이 고스란히 느껴진다.

슬쩍 한마디

JOY
신도시들이 구시가지의 오랜 세월의 힘을 어떻게 당할까. 그 활기와 인간적 분위기가 어디서 나오는 것인지에 대한 더 진지한 고민이 도시를 계획하는 우리에겐 필요하고, 늘 숙제인 것 같다.

ALYSSA
역시 신도시의 거대 스케일에서 느껴지는 차가움은 어쩔 수 없었다. 그러나 천천히, 조금씩 만들어가는 신도시 조성방식은 인상적이었다.

CHAM
아무리 좋은 공간이라도 이용될 때 의미가 있다.

DEEP
말뫼에 대한 이미지가 전반적으로 좋았다. 휴먼 스케일(human scale) 도시계획도 있었지만, 인간적인 물가도 도시의 이미지를 형성하는 데 한몫하지 않았을까 하는 생각.

ILMARE
외레스타드는 예전에 세종시로 첫 출근하면서 받았던 느낌과 비슷했다. 대중교통도 불편하고, 보도는 넓고 깨끗한데 볼 건 없고 햇빛 가려줄 가로수도 없어서 걷고 싶지 않은… 공사장 같은 삭막한 도시를 걸으며 자주 투덜거렸더랬다. 이제는 세종시도 사람 냄새나는 도시가 되었다고 들었다. 외레스타드도 사람들로 좀 더 채워지고, 한 20년 뒤쯤 다시 가보면 지금과 다른 느낌을 받을 수 있을까?

09

도시에서 발견한
대니쉬 디자인

일상에 스며들어
삶을 풍요롭게 하는 디자인

    북유럽 디자인? 대니쉬 디자인? 세계적으로도 한국에서도 북유
럽 스타일이 유행이다. 내가 경험하고 느낀 감정으로 '북유럽 스타
일'을 설명하자면 '간결하고 세련되면서도 자연을 닮아 따뜻한 디
자인' 정도로 표현할 수 있다. 전문적인 지식은 없지만 우리가 보
고 느낀 좋은 디자인을 '대니쉬 디자인'이라고 생각하고, 코펜하겐
과 말뫼에서 인상적이었던 디자인을 소개해 보려고 한다.

기능적이지만 아름다운 디자인
덴마크 디자인박물관에서는 다양한 디자
인의 의자를 만날 수 있다.

214

자연을 담은 디자인
매장 밖 풍경과 어우러진 쇼윈도와 로얄
코펜하겐 도자기의 문양이 북유럽인의
자연 사랑을 보여준다.

코펜하겐을 방문하는 많은 관광객들은 일룸스 볼리후스(Illums Bolighus)와 로얄코펜하겐(Royal Copenhagen) 매장에서 인테리어 소품이나 커피잔 세트를 사 오기 마련이다. 말뫼에도 디자인토리엣(Designtorget), AB스몰란드(AB Smoland) 같이 심플하고 산뜻한 북유럽스타일의 디자인 가구와 조명, 소품들을 파는 가게가 곳곳에 자리 잡고 있다. 이미 우리나라에서도 판매되고 있는 디자인 브랜드 제품도 있고, 참신한 디자인 아이디어가 돋보이는 소품들도 눈에 띈다. 특히 코펜하겐의 일룸스 볼리후스에는 코펜하겐에서 볼 수 있는 거의 모든 디자인 제품이 다 있어서 기념품을 사고 싶다면 여기부터 들르라고 조언하고 싶다. 돈과 시간만 허락한다면 트렁크에 가득 채우고 싶어진다.

특별히 인테리어 매장에 찾아가지 않더라도 우리가 방문한 숙소, 레스토랑, 카페, 숍, 도서관, 박물관, 미술관, 그리고 공공공간에서 '북유럽 스타일'의 제품과 디자인을 쉽게 찾아볼 수 있었다. 가구, 액자, 화초, 꽃병, 그릇 같은 인테리어 상품뿐만 아니라 간판, 표지판, 공공시설물 등 도시건축 공간에서 눈에 보이는 거의 모든 디자인이 군더더기 없이 훌륭하게 느껴졌다.

우리의 모든 일상생활 공간을 이런 디자인으로 채운다면 순간순간 기분 좋은 디자인에 소소한 행복을 느낄 수 있을 것 같다. 소확행을 추구하는 북유럽 사람들에게 왜 그렇게 디자인이 중요한지 알 것 같다. 삶의 모든 공간에서 일상에 스며든 좋은 디자인이 모두의 삶을 풍요롭게 만들고 있었다.

일상에 스며든 좋은 디자인
공공시설 어디서나 훌륭하게 디자인된
가구와 조명을 경험할 수 있다.

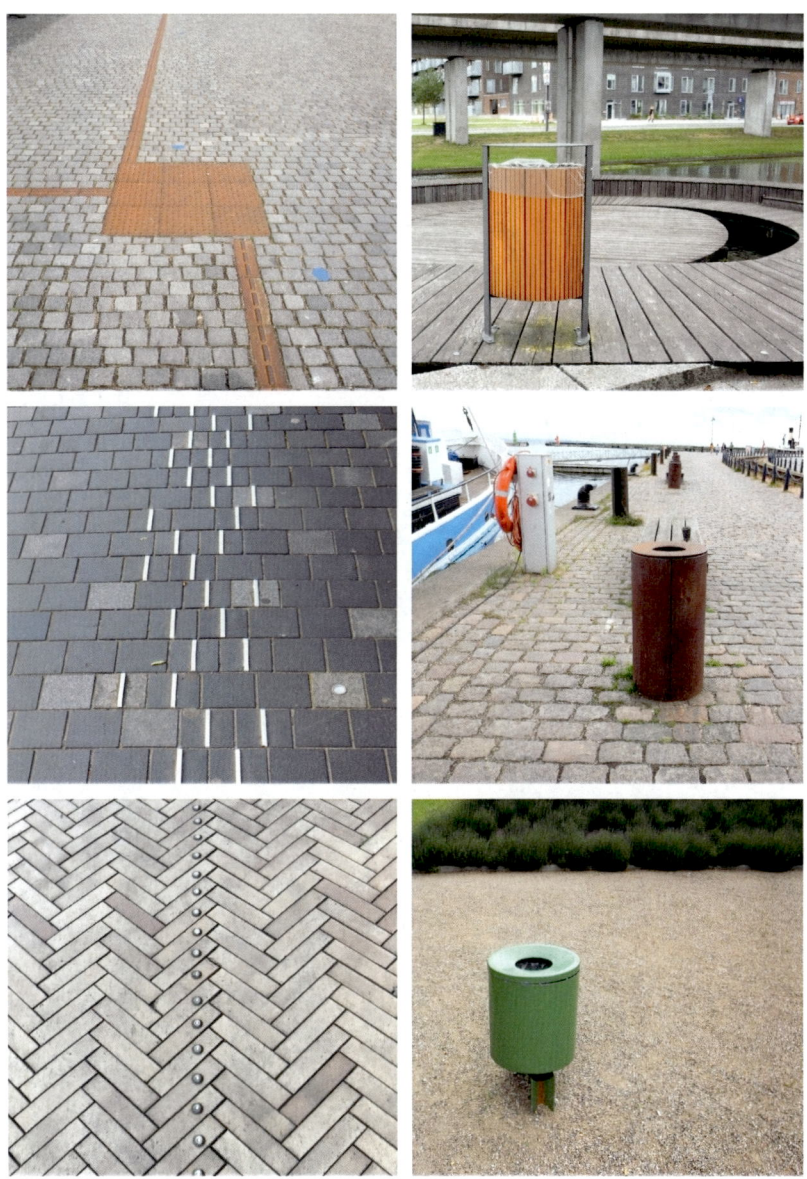

사용자를 고려한 실용적인 디자인

주택을 개조해 쇼룸으로 꾸민 말뫼의
AB스몰란드는 다양한 소품으로 채워진
가정집의 풍경을 보여준다.

오래된 것을 존중하는 디자인

옛 창고 건물을 개조한 문화센터, 노르-
아틀란텐스 브뤼게는 재료의 질감과
색감을 살려 옛 정취를 품고 있다.

튀지 않게 배려하는 디자인

차분하고 간결한 디자인의 스크린 윈도
와 탑승대기선, 점자 블록은 사용자를
고려한 배려가 느껴진다.

루이지애나 현대 미술관

건물과 자연이 하나가 된 아름다운
루이지애나 미술관

코펜하겐의 뾰족 지붕

겨울에 눈이 많이 내리고 해가 짧은 기후
특성을 반영한 지붕과 햇볕을 최대한
들이기 위한 큰 창문들

슬쩍 한마디

● **GONI**　　디자인이 조금 낯선 나에게
신선한 매력을 쥐여준 덴마크 고마워!
그런데 나에게는 너~~~~무 비싸네?;;ㅎㅎ

● **ILMARE**　　사고 싶은 디자인제품은 많았지만, 지갑이 쉽게 열리지
않았다. 만약 빈티지 제품도 괜찮다면 라운스보겔 거리
를 추천한다. 저렴한 가격의 디자인 소품과 그림이 많다.
망설이다 두고 온 티팟이 아직도 아른거린다.ㅎㅎ

● **ALYSSA**　　일룸스의 가구, 조명 코너에는 모든 제품에 디자이너의
명칭이 함께 적혀있다. (무지 비싼 가격표도 함께..^^)
옆 나라 스웨덴의 가구 브랜드 이케아도 모든 가구에
디자이너 명이 함께 있는 점이 인상적이었는데,
덴마크 역시 디자이너=브랜드라는 느낌을 준다.
디자인의 나라답게 디자이너의 위상도 높다.

● **CHAM**　　화려한 멋을 내는 기교보다 제품 본연의 기능에
충실한 디자인. 이것이 진정한 디자인의 의미.
그리고 그것을 실천하는 덴마크.

● **DEEP**　　세련되고 멋스럽다. 그래서 그런지 어딘가 덜 해맑다.

10

모든 사람에 대한 존중,
다양성을 존중하는 도시

코펜하겐 여행을 준비하면서 맛집을 찾다 보니 의외로 채식 메뉴를 전문으로 하는 레스토랑이 많았다. 우리가 여행 마지막 날 방문했던 'Relae'도 세계적으로 유명한 채식주의 레스토랑 중 하나였고, 채식 전문점이 아닌 일반적인 음식점에도 비건 메뉴가 준비되어 있었다. 최근 들어 우리나라에도 채식하는 사람들이 많이 늘었지만 아직까지 채식주의자라고 하면 특별한 사람(혹은 유별난 사람)으로 보는 경우가 많다. 또 채식 메뉴가 있는 음식점이 많지 않다 보니 우리나라에서 채식주의자로 살아가기는 여전히 쉽지 않은 일이다.

그러나 미국이나 다른 유럽 도시에서도 느꼈지만 이제 비건은 전 세계적인 트렌드인 것 같다. 더 이상 주류와 비주류의 문제가 아니라 다양한 사회구성원의 하나로 존중받고 있다는 것을 코펜하겐에서도 느낄 수 있었다.

비단 채식주의자뿐만이 아니다. 누구든지 코펜하겐 구석구석을 누비다 보면 이 도시가 모두에게 살기 좋은 곳을 지향하며, 모든 사회구성원을 존중하고 있다는 것을 쉽게 느낄 수 있을 것이다.

　코펜하겐은 내가 최근 몇 년간 방문한 도시 중 가장 젊고 활력 넘치는 도시였다. 작년에 방문한 시애틀과 포틀랜드가 20~40대 위주의 젊은 도시였다면, 코펜하겐은 어린이부터 어르신까지 다양한 연령대가 함께 어울려 살아가는 젊은 도시의 느낌이었다.

　그래서인지 도시 곳곳에는 특정 계층이나 특별한 활동만을 위한 공간이 아닌, 다양한 사람들이 누구나 자유롭게 이용할 수 있도록 배려하는 공간들이 많았다. 대표적인 예로, 도서관을 꼽을 수 있다. 조용히 책을 읽거나 공부만 하는 우리나라 도서관의 모습과는 달리, 음악 듣는 사람, 신문 보는 어르신, 열띤 토론을 벌이는 학생들, 지나가다 잠시 들러 시간 때우는 사람, 미끄럼타고 노는 아이들과 그 옆에서 수다 떠는 엄마들... 서로 방해가 되지 않는 선에서 다양하게 이용하는 모습과 그에 적절하게 배치된 공간들이 인상적이었다.

　내가 코펜하겐을 젊은 도시라고 느낀 가장 큰 이유는 도심 어디서나 쉽게 만날 수 있는 아이들 때문이다. 가는 곳마다 아이들이 자유롭게 뛰어노는 모습을 볼 수 있었고 공공시설과 민간시설 관계없이 어린들을 위한 시설과 프로그램이 잘 갖춰져 있었다.

폐조선소 부지를 활용하여 만든 국립 해상박물관에는 옛 흔적이 가장 잘 보이는 공간에 어린이 놀이터가 있다. 놀면서 해양문화를 배우고 체험할 수 있는 프로그램도 운영한다. 업무, 전시, 주거, 상업공간이 복합된 BLOX에는 건물의 외부계단과 어린이 놀이터가 하나의 공간으로 조성되어 있다. 이는 공간의 기획단계에서부터 아이들을 위한 공간을 염두에 두었음을 말해준다.

국립 해상박물관 내 어린이공간

이처럼 코펜하겐에서는 좋은 공간을 어른들만 즐기고 이용하는 것이 아니라, 아이들도 도시 공간을 이용하는 하나의 구성원으로서 존중받고 있다는 것을 느낄 수 있다. 노키즈존(No Kids Zone)이 늘고 있는 우리나라와 비교되는 부분이다.

BLOX의 어린이 놀이터

스트리트 푸드 앞 놀이공간

다양성의 공간으로 변한 빈민가
슈퍼킬른 공원

뇌레브로 지역의 슈퍼킬른 공원은 공공공간 개선을 통해 낙후된 지역을 재생한 사례이다. 이 지역은 1980년대 이후 많은 이민자가 유입되기 시작하면서 갈등과 폭력, 범죄가 꾸준히 일어나는 우범지역이었는데, 최근 들어 방치된 공공부지를 공원으로 재조성하면서 지역의 긍정적인 변화가 나타났다고 한다.

슈퍼킬른 공원의 첫인상은 다소 파격적이었다. 초입부의 선홍빛 광장과 그 뒤로 길게 뻗은 녹지공간, 검은 바닥에 흰색 선이 어지럽게 그어진 모습… 일반적으로 공원디자인에 잘 사용하지 않는 색상과 디자인이기 때문이다.

다양성을 존중하는 공원시설물 디자인도 돋보였다. 공원을 조성하는 과정에서 주민들에게 고국에서 가져오고 싶은 것을 신청받아, 각 나라에서 수집한 물건과 작품을 활용해 꾸며졌다. 파리의 맨홀 뚜껑, 태국의 무에타이 링, 일본의 문어 모양 미끄럼틀, 모로코 타일의 벤치 등 각 나라의 물건들이 공원 곳곳에 배치되어 있다. 60개 나라가 넘는 다국적 인구가 모여 사는 지역인 만큼 다양한 출신의 주민들이 융합할 수 있는 공간을 만들기 위해 노력한 것이 엿보였다.

붉은광장에 설치된 무에타이 링

검은광장에 설치된 미끄럼틀

빈민가의 상징이었던 뇌레브로 지역은 슈퍼킬른 프로젝트를 통해 젊은 예술가들이 모여들고 아기자기한 생활소품을 파는 소위 '힙'한 지역이 되었다. 우리나라의 경우 힙한 장소가 되면 임대료가 상승하여 기존 주민이 떠나 버리기 마련이지만 이 지역은 대부분의 주민들이 그대로 살고 있다. 이러한 배경에는 과도한 임대료 상승으로 기존 주민들이 쫓겨나는 일을 막기 위한 코펜하겐 시의 적극적인 개입과 지원이 있었다. 집주인은 새로운 세입자를 받는 경우에만 임대료를 올릴 수 있는데 리모델링 비용, 세금 증가 등 임대료를 올려야 하는 합당한 사유를 시에 증명해야 하는 점이 인상적이었다. 그리고 주거환경이 좋아져서 임대료가 오르더라도 정부가 임대료 상승분을 지원해주기 때문에 기존 세입자의 부담은 늘어나지 않는다.

시민의 세금이 투입되는 도시재생사업의 수혜가 그 지역 주민에게 돌아가야 한다는 코펜하겐 시의 철학은 우리나라의 젠트리피케이션 문제를 해결하는 데 있어서 참고할 필요가 있어 보인다.

슈퍼킬른 입구 풍경

서로 다름을 인정하고
대립보다 공존을 지향하는 사람들

검소하지만 투박하지는 않고, 세련됐지만 사치스럽지 않은 멋
이 살아있는 코펜하겐의 중심부에는 알록달록하고, 히피스럽고,
무질서해 보이는 동네가 있다. 바로 '프리타운 크리스티아니아
(Freetown Christiania)'라 불리는 지역인데 스스로를 '국가'라 칭
하며 자치적인 삶을 살고 있는 약 천여 명의 주민으로 구성된 '초
미니' 국가다. 1970년대 초 이곳에 있던 해군기지가 폐쇄되고 가
난한 사람들과 자유로운 삶을 원하는 젊은이들, 노숙인, 동성애자
같은 사회 취약계층이 모여들어 방치된 건물을 점유해 살기 시작
하면서 자연스럽게 형성된 공동체 마을이다.

푸셔 스트리트 구역(Pusher Street)
이곳에서는 마리화나 거래가 자유롭게
이루어지는 것을 볼 수 있다.

마을 입구부터 요란한 그라피티와 알록달록한 장식이 이국적인 느낌을 주는 이곳은 '모든 금지를 금지한다'는 슬로건에 걸맞게 자유스러움이 넘쳐나는 곳이었다. 마을 안으로 들어서면 텁텁한 냄새가 진동하는데 아마도 마리화나 냄새인 듯했다. 이곳은 덴마크에서 공개적으로 마리화나 거래와 사용이 이루어지는 곳으로도 유명하다. 이곳이 1971년 덴마크 정부로부터 자치구역으로 인정받았지만, 주권을 인정받은 것은 아니기에 '국가'라 할 수는 없다. 하지만 독자적인 규율과 화폐 체계를 갖추고 40년이 넘게 자치적인

그라피티로 장식된 마을 입구

공동체를 유지하고 있다. 최근 덴마크 정부는 이들의 점거상태를 '불법'으로 선언했지만 실제로 단속하거나 퇴거를 강요하지는 않는다. 대신 이곳 주민들에게 싼값으로 땅을 매입해서 합법적인 지위를 획득할 것을 제안했다고 한다. 비록 비합법적인 공동체이고, 공공의 땅을 무단으로 점유해서 살아온 사람들이지만 오랜 기간 동안 그들이 만들어온 삶의 터전을 인정해주는 사회 분위기 속에서, 서로 다른 생각과 가치관을 존중하고 배려하는 문화가 도시의 다양성을 높이는 비결이 아닐까 하는 생각이 들었다.

마을 내부 주거지 모습
마을 내부는 자동차나 오토바이 통행을
금지하기 때문에 유일한 이동 수단은
걷기와 자전거뿐이다.

프리타운 크리스티아니아

슬쩍 한마디

DEEP 스칸디나비아의 십계명과도 같다는 얀테의 법칙을
읽어본 적이 있다. '당신은 대단한 사람이 아니다'로
시작하는 이 법칙을 읽어보면 덴마크를 비롯한
북유럽 사람들이 가지는 특유의 여유와 소박함,
평등정신을 이해할 수 있다.

CHAM 사회질서는 냉철하게, 사람에게는 따뜻하게.

SOOM 우리나라에서는 무허가주택이나 재개발지역 거주자들이
너무 당연하게 쫓겨나는데, 자신들의 권리를 주장하는
'크리스티아니아' 공동체의 힘이 대단해 보였다.

GONI 다르다는 것이 결코 틀린 게 아니라는 것!
그래도 어느 정도의 사회질서는 지켜주는 게 맞는 것 같다.

JOY 결국, 서로 다름을 인정하되, 그 모두를 존중하는 도시.

우리의 숙소

잘 머무르다 갑니다

북유럽으로 여행 다녀온 친구들이 '에어비앤비에 갔더니 조명은 루이스폴센(Louise Paulsen)이고 테이블은 프릿츠한센(Fritz Hansen)이더라'고 말하던 것이 기억난다. 호텔 아닌 개인 집의 북유럽스타일 인테리어가 기대되기도 했고, 지난 답사에서도 에어비앤비를 선택한 것이 너무 만족스러웠기 때문에 이번 숙소도 다른 대안 없이 에어비앤비로 결정했다.

마음에 드는 숙소를 정하는 것이 어려웠는데 화장실 때문이었다. (예약 과정에서 레이시즘 비슷한 것도 겪었고 타이밍 때문에 원하는 집을 놓치기도 했다.) 이곳의 집들은 정원이 열 명인 큰 집도 화장실이 하나이거나 두 개여도 협소한 경우가 많았다. 우리나라와 달리 아침 출근시간이 덜 바빠서일까, 생각보다 잘 안 씻는 것일까 상상해보았지만 정확한 이유는 잘 모르겠다. 결국 가까운 거리에 있는 두 개의 집을 예약했고 큰집은 다섯 명이 작은집은 세 명이 사용하기로 했다.

프레데릭스베르 지역 내 숙소
위치 | H.C.Ørsteds Vej 46
예약 | Airbnb 에어비앤비
구조 | Flat(5F), 침실 4개, 욕실 2개

첫날 숙소(큰집)로 올라가던 일이 잊히지 않는다. 호스트가 직접 집안까지 안내해주었는데, 4층으로 알고 있었던 우리는 무거운 짐을 들고 끙끙 4층까지 올라갔더니 한 층 더 남았단다. 순간 얼마나 힘이 빠지던지.. 호스트는 헐떡이는 우리에게 탭 워터를 웰컴 드링크로 주었는데, 이제껏 마셔본 것 중 제일 맛있었던 석회수가 아닐까 싶다.

답사 기간에 아침 모임 장소가 된 큰집은 전체적으로 화이트 인테리어인 데다가 햇빛이 잘 들어 밝고 쾌적했다. 가구와 소품은 대부분 디자이너 제품이었다. 디자인 박물관에서 본 의자와 로얄 코펜하겐이 적혀 있는 그릇에, 욕실 액자 포스터는 루이지애나 미술관 것이었다. 아마 덴마크 아니 북유럽의 많은 집들이 이렇지 않을까? 이곳 덴마크 사람들은 오후 네 시 반이면 퇴근을 한다는데, 그러면 집에 있는 시간이 상대적으로 많을 것이고 자연스레 인테리어에 많은 시간을 투자할 수밖에 없을 것 같다. 게다가 가구며 소품이며 훌륭한 자국 브랜드가 많으니 꾸미는 재미도 크겠다. 이렇게 집이 예쁘면 퇴근 후 의자에 앉아 멍 때리고만 있어도 행복해질 것만 같다.

우리가 머물렀던 숙소는 프레데릭스베르 지역에 위치했다. 코펜하겐은 도시가 작고 대중교통이 잘 되어 있어 도심과 조금 떨어져 있어도 이동이 어렵지 않다지만 우리 숙소는 도심에서 정말 가까운 Forum 역 주변이어서 십 분이면 시내 중심으로 갈 수 있었다.

숙소 테라스에서 바라본 마당
일반 주거건물에서도 마당을 공유하는
방식의 중정 문화를 엿볼 수 있다.

가까운 곳에 슈퍼와 카페, 빵집이 있는 것도 좋았다. 하루 일정의 마지막은 슈퍼 'REMA 1000'에 들러 다음 날 아침 재료를 사 오는 것이었다. 여행 중 그 나라의 슈퍼를 구경하는 것 또한 재미있는 볼거리인데, 여기에선 낙농업의 나라답게 다양한 우유와 요거트 종류를 볼 수 있었다. 또, 이곳의 물가가 워낙 높다 보니 슈퍼의 식료품 가격이 너무 반갑다. 한두 번 정도 집에서 먹지 않을까 싶었던 아침 식사는 마지막 날까지 이어졌고 날로 풍성해졌다. 든든한 아침식사가 매일 2만 보 이상 걷게 한 큰 원동력이 되어주었을 것이다.

우리의 식사

잘 먹고 갑니다

덴마크 여행 후기를 보면 공통으로 맛집은 기대하지 말라고 한다. 음식 이야기를 하더라도 맛보다는 가격 이야기다. 덴마크의 대표 음식인 스뫼레 브뢰드(오픈 샌드위치) 맛집들은 먹음직스러워 보였으나 샌드위치도 한두 번이지 이 많은 끼니를 어떻게 다채롭게 채울 수 있을까 걱정이 컸다. 왜냐하면 회사 사람들은 은근 식당을 기대하고 있을 것이었고 메뉴 고민가 역할을 맡은 나는 은근 식당 선정에 부담을 느끼고 있었기 때문이다. 살인적인 가격도 걱정을 더했다. 맛있어 보여 체크해 두다가도 가격을 보면 흥이 꺾였다. 코펜하겐에서 유학 중인 친구에게 도움을 요청해보았으나 친구도 그런 이유 때문에 외식을 잘 하지 않는다고 했다. 코펜하겐을 한번 다녀오셨던 소장님은 이 가격에 빨리 적응하는 수밖에 없다고 하셨다.

스뫼레 브뢰드 (Smørrebrød)
1,000년 이상의 역사를 가진 덴마크의 대표적인 전통음식. 얇게 자른 빵 위에 갖가지 재료를 올려 빵을 덮지 않고 먹는다. 사진은 토브할렌 시장에서 먹은 청어, 감자, 양파 토핑의 스뫼레 브뢰드

노르딕 퀴진을 맛볼 수 있었던
The Pescatarian

한편 코펜하겐은 노르딕 퀴진(Nordic Cuisine)으로 유명하기도 하다. 로컬의 신선하고 건강한 제철 재료와 고급스러운 분위기가 노르딕 퀴진의 콘셉트인 듯하다. 최근 몇 년 동안 세계적으로 유명해진 코펜하겐의 식당 노마(Noma)는 이제 하나의 브랜드가 되어 노마 출신 쉐프를 내건 식당들이 꽤 보인다.

구글 지도에 각자 가고 싶은 식당을 하나하나 저장하다 보니 오십 개도 넘는 식당 리스트가 채워졌다. 야외 공간에서 비교적 저렴한 가격으로 현지 음식을 즐길 수 있는 스트리트 푸드부터, 유럽에서 먹으면 곱절로 맛있는 아시안 레스토랑들, 노르딕 퀴진이 뭐길래 궁금해서 골라둔 고급 레스토랑까지 골고루다. 최종 식단은 전날 밤 다음 날 동선에 맞게 짜는 식이었다. 꽤 자주 카페인 수혈을 해야 하는 커피 러버들을 위해 지역별로 맛있는 커피집 물색은 필수다.

들어왔던 '맛없는 북유럽 음식'에 비해 다녀온 식당의 만족도는 전반적으로 괜찮았다. 예상하지 못한 짠맛이나 예상하지 못한 가격에 당황스러운 순간들도 있었지만 그럴 때마다 한국 음식 예찬과 고마움으로 이어졌더랬다. 무엇보다도 여럿이 함께하면 다양한 음식을 조금씩 맛볼 수 있다는 것이 큰 장점이다.

Ramen to Biiru 일본라멘 전문점

위　　치 | Griffenfeldsgade 28, 2200 København
주문메뉴 | 시오라멘, 소유라멘(매운토핑), 미켈러 맥주
시식후기 | 코펜하겐 첫날 첫끼. 주문은 자동 자판기로
하고 맥주는 주문대에서 직접 고름. 라멘 한
그릇에 약 2만원(비싸다). 이상 기온을 찍은
날로 너무 더워서 맥주가 아주 맛있었음.

Torvehallerne 로컬시장

위　　치 | Frederiksborggade 21, 1362 København
주문메뉴 | 스뫼레 브뢰드, 스테이크, 버거, 죽, 과일
시식후기 | 유명한 식당들이 모여 있고 직접 농사한 식재
료를 판매하는 로컬시장. 청어 스뫼레브뢰드
와 닭죽과 비슷한 맛이 났던 Grød 죽을 맛봄.

Khun Juk Oriental 태국 음식점

위　　치 | Store Kongensgade 9, 1264 København
주문메뉴 | 똠양꿍, 쌀국수, 감바스, 웍
시식후기 | 비를 피해 우연히 들른 의외의 맛집.
자꾸 생각나는 에피타이저 알새우칩.
친절한 직원들. 새우 맛집.

Cafe Texa 로컬 음식점

위　　치 | Hørsholmsgade 32, 2200 København
주문메뉴 | 버거, 부리또, 팬케익, 감자튀김, 샐러드
시식후기 | 감자튀김 잘함. 바질 들어간 소스도 너무 맛
있었음. 실내보다는 실외 자리가 인기가 많
은 듯함.

The Pescatarian 노르딕 퀴진

위   치 | Amaliegade 49, 1256 København

주문메뉴 | 코스요리

시식후기 | 시푸드를 전문으로 하는 고급 레스토랑. 하
늘색 인테리어가 밝고 예뻤음. 유쾌한 직원
과 아트 플레이팅이 기억에 남음. 맛도 좋음.

Elsinore Street Food 스트리트 푸드

위   치 | Ny Kronborgvej 2, 3000 Helsingør

주문메뉴 | 피쉬앤칩스, 김치바오, 연어덮밥, 칼스버그

시식후기 | 토브할렌에서 못먹은 김치호떡이 아쉬워 먹
은 김치바오. 폐조선소 창고건물의 자유로운
분위기.

District Tonkin 베트남 식당

위   치 | Dronningens Tværgade 12, 1302 København

주문메뉴 | 에그롤, 쌀국수

시식후기 | 비오는 날 안성맞춤이었던 쌀국수.
빅뱅의 노래가 흘러나오던, 우리를 위한 주
인장의 센스였을까?

Gorm's Pizza 피자 전문점

위   치 | Magstræde 16, 1204 København

주문메뉴 | 마르게리타, 하와이안피자, 시저샐러드

시식후기 | 코펜하겐 공항에도 있던 유명한 식당. 휴일
이라 손님이 우리밖에 없었음. 여러가지 피
자를 몽땅 시켜 먹어봄. 무난한 맛.

Reffen <small>스트리트 푸드</small>

위　　치 ┃ A, Refshalevej 167, 1432 København

주문메뉴 ┃ 탄두리치킨, 소세지, 생선구이, 미켈러맥주

시식후기 ┃ 레프샬렌의 유명한 스트리트 푸드. 사람 구
경하는 맛도 있으니 날씨 좋은 날 가는 것 추
천. 맛있었던 이름 모를 생선구이.

Warpigs Brewpub <small>바비큐 식당</small>

위　　치 ┃ Flæsketorvet 25, 1711 København

주문메뉴 ┃ 비프립, 포크, 맥앤치즈, 미켈러맥주

시식후기 ┃ 미트패킹에서 제일 유명한 바비큐집. 미트패
킹지역 특성이 살아있어 좋은 집. 미켈러 맥
주 샘플러를 시켜 다양하게 맛봄.

Saluhall <small>로컬시장</small>

위　　치 ┃ Gibraltargatan 6, 211 18 Malmö

주문메뉴 ┃ 팔라펠, 파스타, 매시드포테이토

시식후기 ┃ 토브할렌 시장의 말뫼 버전이랄까.
철도시설을 개조한 로컬시장이자 푸드코트.

Bullen <small>스웨덴 레스토랑</small>

위　　치 ┃ Storgatan 35, 211 41 Malmö

주문메뉴 ┃ 미트볼, 생선알요리, 해산물 크림스프

시식후기 ┃ 미트볼이 이렇게나 맛있을 일인가.
이케아 미트볼 정도를 생각하면 오산.

Hummer ^{해산물 전문 레스토랑}

위　　치 | Nyhavn 63A, 1051 København

주문메뉴 | 랍스터, 홍합찜, 대구요리

시식후기 | 뉘하운에 위치한 흔한 관광지 식당 같지만
의외의 맛집. 낮에 가서 비교적 한산했음. 보
통 뉘하운 근처 식당은 저녁에 붐빈다고 함.

Relae ^{노르딕 퀴진}

위　　치 | Jægersborggade 41, 2200 København

주문메뉴 | 코스요리

시식후기 | 예약필수. 고급레스토랑이지만 테이블 간격
이 좁아 캐주얼한 분위기. 요리보단 요리설
명. 재료와 과정이 중요한 듯.

우리가 다녀간 곳

일정&장소

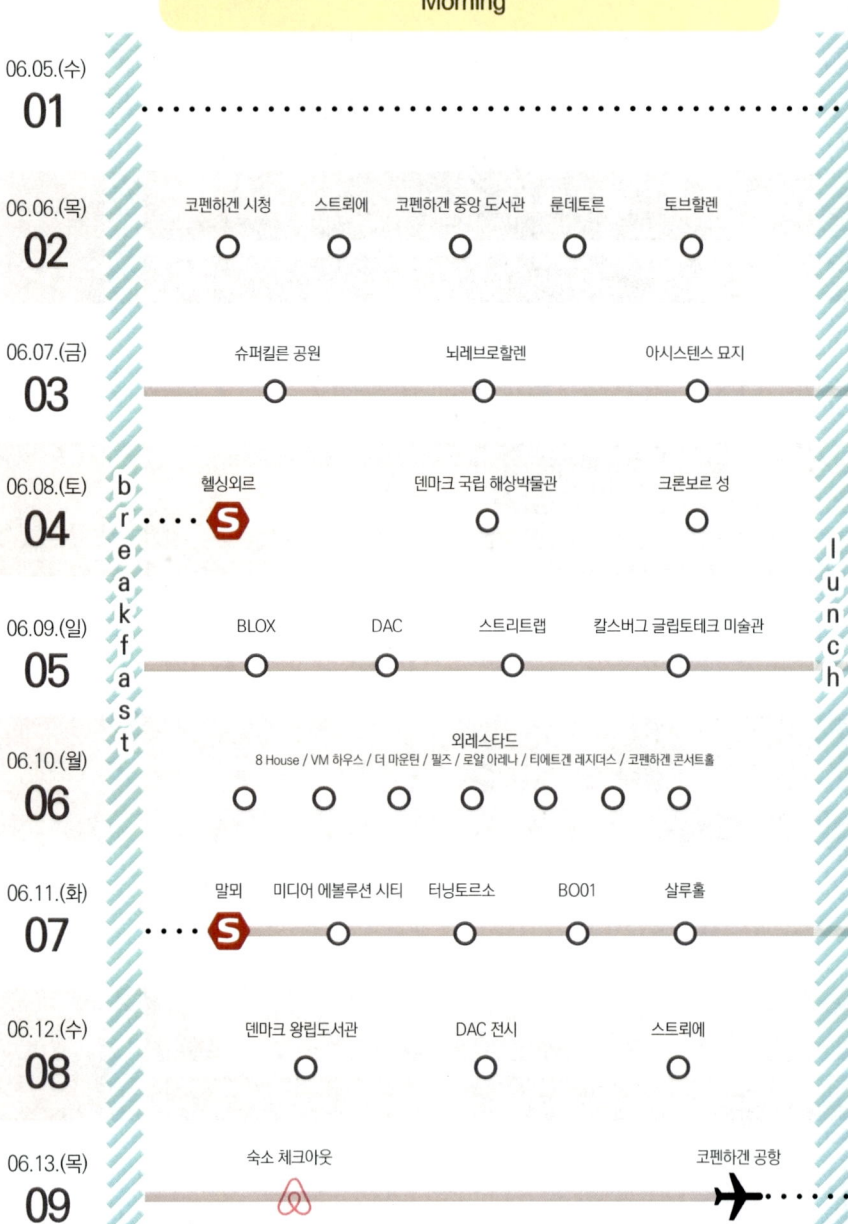

	Morning
06.05.(수) **01**	
06.06.(목) **02**	코펜하겐 시청 ○ 스트뢰에 ○ 코펜하겐 중앙 도서관 ○ 룬데토른 ○ 토브할렌 ○
06.07.(금) **03**	슈퍼킬른 공원 ○ 뇌레브로할렌 ○ 아시스텐스 묘지 ○
06.08.(토) **04**	breakfast 헬싱외르 **S** 덴마크 국립 해상박물관 ○ 크론보르 성 ○
06.09.(일) **05**	BLOX ○ DAC ○ 스트리트랩 ○ 칼스버그 글립토테크 미술관 ○
06.10.(월) **06**	외레스타드 8 House / VM 하우스 / 더 마운틴 / 필즈 / 로얄 아레나 / 티에트겐 레지더스 / 코펜하겐 콘서트홀 ○ ○ ○ ○ ○ ○ ○
06.11.(화) **07**	말뫼 **S** 미디어 에볼루션 시티 ○ 터닝토르소 ○ BO01 ○ 살루홀 ○
06.12.(수) **08**	덴마크 왕립도서관 ○ DAC 전시 ○ 스트뢰에 ○
06.13.(목) **09**	숙소 체크아웃 코펜하겐 공항 ✈	lunch

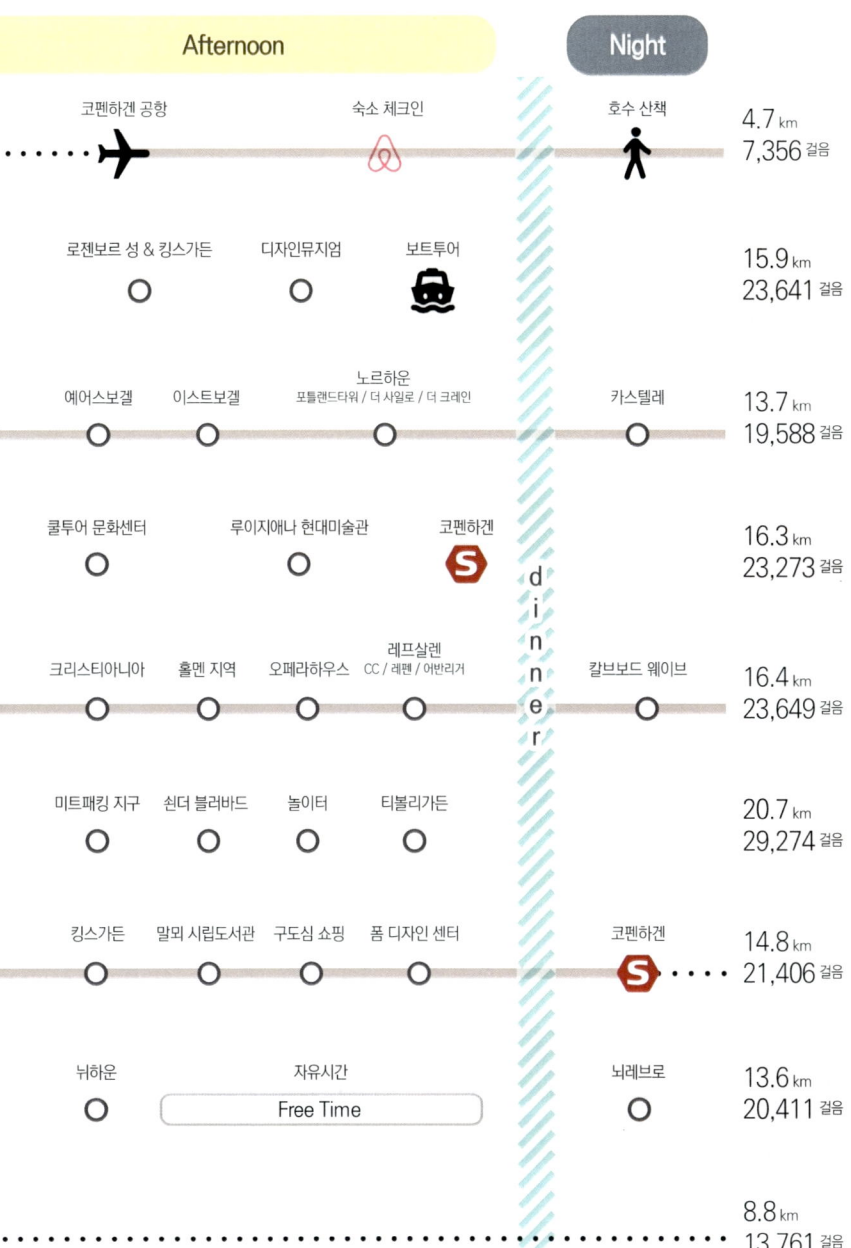

Afternoon			Night		
코펜하겐 공항	숙소 체크인		호수 산책		4.7 km 7,356 걸음
로젠보르 성 & 킹스가든	디자인뮤지엄	보트투어			15.9 km 23,641 걸음
예어스보겔	이스트보겔	노르하운 포틀랜드타워 / 더 사일로 / 더 크레인	카스텔레		13.7 km 19,588 걸음
쿨투어 문화센터	루이지애나 현대미술관	코펜하겐			16.3 km 23,273 걸음
크리스티아니아	홀멘 지역	오페라하우스	레프살렌 CC / 레펜 / 어반리거	칼브보드 웨이브	16.4 km 23,649 걸음
미트패킹 지구	쇤더 블러바드	놀이터	티볼리가든		20.7 km 29,274 걸음
킹스가든	말뫼 시립도서관	구도심 쇼핑	폼 디자인 센터	코펜하겐	14.8 km 21,406 걸음
뉘하운	자유시간 Free Time			뇌레브로	13.6 km 20,411 걸음
					8.8 km 13,761 걸음

Helsingør
47·49

Helsingborg

Humlebaek
50

Hillerød

Sweden

Denmark

Charlottenlund
76

Kongens Lyngby

København
01·46

Malmö
51·60

● 간곳
● 못간곳

01 Stroget
스트뢰에

#북유럽 최초 보행자전용거리 #세계에서 가장 긴 차 없는 거리 #1.2km #얀겔 #쇼핑가로

02 Rundetaarn
룬데토른

#유럽에서 가장 오래된 천문대 #209m의 나선형 마차길 #전망대 #전시관, 채플

03 Københavns Hovedbibliotek
코펜하겐 중앙도서관

#공립도서관 #도서관 건물인지 눈치채기 어려움 #자유로운 분위기 #강연, 북토크, 공연

04 Copenhagen City Hall
코펜하겐 시청

#105m 전망타워 #유리 천장 #여기 공무원 부럽다 #용의 분수 #천체시계 #광화문 조형물 찾기

05 Tivoli
티볼리 공원

#놀이공원 #세계에서 두 번째로 오래된 유원지 #19세기 개장 #음악회, 공연, 불꽃쇼

06 Ny Carlsberg Glytotek
칼스버그 글립토테크 미술관

#엄청 많은 조각 작품 #식물원 같은 중정 #칼스버그 양조회사 2대 사장 칼 야콥슨의 개인 콜렉션

07 TRX Hub / Kalvebod Bølge
TRX Hub / 칼브보드 웨이브

#메리어트 호텔 앞 #수변 놀이터 #Our Hub
#창의공간 #카약슬라이드

08 BLOX
BLOX

#문화센터 #OMA 설계 #덴마크건축센터 #옥상
테라스

09 Det Kongelige Bibliotek
덴마크 왕립도서관

#도서관 #블랙다이아몬드 #1999년 신관건설
#아트리움 #밤에 빛나는 도서관

10 Nyhavn
뉘하운

#코펜하겐 대표관광지 #알록달록 동화 속 집들
#워터프런트 #안데르센 생가 찾기

11 Royal Danish Playhouse
로얄 대니쉬 플레이하우스

#덴마크 국립극장 #바닷물로 냉난방 #외부공간

12 Designmuseum Denmark
덴마크 디자인박물관

#대니쉬 디자인 #의자 덕후를 위한 곳 #1752년
건립된 병원건물 리모델링

⑬ Kastellet
카스텔레

#북유럽에서 가장 잘 보존된 별 모양 요새 #1999년 개방 #산책로 #군사기능 일부 유지중

⑭ Nyboder
뉘보더

#해군 막사의 연립주택 #1641년 건설 #뉘보더 옐로우 색상의 시초 #지나가다 가장 많이 본 건물

⑮ Rosenborg Slot / Kongens Have
로젠보르 성 & 킹스가든

#네덜란드식 르네상스 양식 #여름별궁 #네모난 나무 #킹스가든은 힐링휴식처

⑯ Torvehallerne
토브할렌

#로컬시장 #신선식품 #2011년 개장 #공휴일에도 일부 오픈 #김치호떡 어디 가셨어요

뇌레브로
Nørrebro

⑰ Ravnsborggade
라운스보겔

#엔티크거리 #빈티지샵 #보물찾기 줍줍 #평일 오후에 가세요

⑱ Assistens Kirkegard
아시스텐스 묘지

#25만명의 묘지공원 #무섭지 않아요 #시민들이 찾는 산책로 #안데르센, 키에르케고르 묘지

19 Jægersborggade
예어스보겔

#짧은 골목이지만 가장 핫한 거리 #힙스터들의
아지트 #독특한 가게와 레스토랑

20 Superkilen park
슈퍼킬른 공원

#지역재생 #주민참여디자인 #출신국에서 가져온
벤치, 멘홀, 쓰레기통 #대한민국은 없었음

21 Nørrebrohallen
뇌레브로할렌

#옛 철도정비장 #생활체육센터로 사용 #레일 흔
적은 없네 #슈퍼킬른 공원

22 UN City
UN 시티

#11개 유엔기구 #1,500명 유엔 직원들 입주
#별모양 건물 #지속가능성 추구

노르하운
Nordhavnen

23 The Silo
더 사일로

#곡물 사일로 재활용 #17층 레스토랑에선 파노
라마뷰

24 Portland Towers
포틀랜드 타워

#시멘트 사일로 재활용 #환경인증 사무소 역할
#업무공간

25 Konditaget Luders
콘디타게트 뤼더스

#주차장 옥상놀이터 #계단조심 #크로스핏장비
#정글체육관 #역동적

26 The Krane
더 크레인

#석탄 크레인 재활용 #프라이빗 호텔 #360도 파
노라마 뷰 #투숙비 비쌈

레프살렌
Refshaleøen

27 Reffen
레펜

#스트리트 푸드 #컨테이너 #54개 음식점 #수변
활동 #미켈러쉐이븐 #산업경관

28 Mikkeller Baghaven
미켈러 쉐이븐

#옛 조선소 건물 재활용 #미켈과 켈러는 친구 사
이 #집시 브루어리 #수제맥주 #신사동에도 있음

29 CC : Copenhagen Contemporary
코펜하겐 국제 예술센터

#CC #B&W조선소 용접홀 재활용 #약 7,000평
#문화예술공간

30 Urban Rigger (Student Housing)
어반리거

#청년기숙사 #물위에 떠있는 컨테이너 6개
#친환경 주거공간 #지속가능성 추구

31 Operaen
코펜하겐 오페라 하우스

#2004년 건설 #덴마크 선박왕 메르스크 맥킨리 모엘러 #캔틸레버 #야외무대 가능

32 Christiania
프리타운 크리스티아니아

#자치권 인정 #대안도시 #마리화나 거래 #사진 촬영 주의 #대장간은 카고바이크가 발명된 곳

33 Vor Frelsers Kirke
코펜하겐 구세주 교회

#바로크양식 #나선형첨탑 #1695년 건설 #전망타워 #크리스티안 5세 흉상

34 Krøyers Plads
크뢰어스 플라스

#공동주택 #재개발 #워터프런트 #79층 재개발 계획 주민반대로 무산 #시민들의 휴식처

35 Nordatlantens Brygge : North Atlantic House
노르아틀란텐스 브뤼게

#창고 재활용 #문화센터 #북대서양 문화 #1980년대 덴마크세관 #2003년 개관

36 Amager Bakke
아마게르 바케

#열병합 발전소 #쓰레기 연 40만 톤 소각 #옥상 스키장 #클라이밍 #어딜 가나 보이지요

③7 **Tietgenkollegiet : The Tietgen Residence Hall**
티에트겐 레지던스

#학생 기숙사 #툴루주택에서 영감 #도넛형 기숙
사 #안뜰 #부러운 이곳 학생들

③8 **DR Koncerthuset**
코펜하겐 콘서트홀

#장누벨 설계 #진심으로 공사천막인줄 #가까이
가면 반전 #조명이 들어오면 다르려나

외레스타드
Ørestad

③9 **Mountain Dwellings**
마운틴 주택

#옥상정원 #테라스하우스 #80세대 공동주택
#등산하는 기분

④0 **VM Husene : VM House**
VM 하우스

#외레스타드 지역 최초 주택단지 중 하나 #하늘
에서 보면 V와 M #삼각형 발코니 #압도적 외관

④1 **Byparken**
바이파켄

#도시공원 #주민참여디자인 #10년 동안 변화중
#끝나지 않는 변화 #인조잔디 구장

④2 **Field's**
필즈

#스칸디나비아 최대 쇼핑센터 #상점 140개 이상
#아르네 제이콥슨 라운지

43 Royal Arena Copenhagen
로얄 아레나 코펜하겐

#다목적 경기장 #16,000명 수용 #나무입면
#미니멀한 노르딕 표현

44 8 Tallet : 8 House
8 하우스

#복합용도 공동주택 #위에서 보면 숫자 8 #자연
조망 #어린이 친화 디자인

45 Meatpacking District
미트패킹 지구

#브라운, 화이트, 그레이 #육류산업 #도살장
#소시장 #창조 클러스터로 변화 #힙한 지역

46 Sønder Boulevard
쇤더 블러바드

#보행광장 #차선 다이어트 #도심산책로 #산책로
활성화 #야외카페, 공연

베스터브로
Vesterbro

47 M/S The Maritime Museum
덴마크 국립 해상박물관

#조선소 드라이도크 재활용 #특색 있는 공간감
#전시 퀄리티 좋음 #전시 티켓도 예쁨

48 Kulturværftet
쿨투어 문화센터

#현명한 증축 #도서관 #박물관 #엘시노어 스트
리트 푸드 #독특한 외관

헬싱외르
Helsingør

49 Kronborg Castle
크론보르 성

#햄릿 배경 #유네스코 세계문화유산 #스웨덴 조망 #화재와 재건 #저멀리 스웨덴이 보입니다

50 Louisiana Museum of Modern Art
루이지애나 현대 미술관

#현대미술관 #쿤드젠슨 설립 #작품도 좋지만 건축, 야외공간 모두 좋음 #쟈코메티, 칼더

51 Media Evolution City
미디어 에볼루션 시티

#코쿰스조선소 #드라이도크 #공유공간 #창조공간 #말뫼의 눈물

52 BO01
BO01

#친환경주거단지 #말뫼재생의 핵심 #중정형 배치 #느슨한 그리드 #BO02도 있음

53 Kungsparken & Slottstradgarden
왕의공원 & 캐슬가든

#말뫼에서 가장 오래된 시민공원 #바로크양식 정원 #사회공동체 협회 운영 #카지노도 있네요

54 Malmö Saluhall
말뫼 살루홀

#창고 재활용 #마켓으로 활용 #박공지붕 형태 #외부공간도 좋음

55 터닝 토르소
Turning Torso

#유럽에서 두번째로 높은 고층아파트 #에너지 효율이 높은 상징적 외관 #초대형 꿀꽈배기

56 말뫼 시립도서관
Malmö Stadsbibliotek : Malmö City Library

#1997년 개관 #아트리움 #왕의 공원을 보며 책보기 #옛 성과 연결됨

57 폼 디자인 센터
Form design center

#1597년 곡물창고 재활용 #전시공간 #1974년 개관 #말뫼 문화유산 및 녹지보존회

58 말뫼 현대미술관
Moderna Museet Malmö

#전기공장 재활용 #주황색 타공판 #문화예술의 랜드마크 #공장 흔적도 있다고 하네 #주황주황

59 성베드로 교회
Sankt Petri kyrka

#1930년 지어진 개신교 교회 #발틱 고딕 양식 #첨탑과 탑은 1891년 재건

60 약국
Apoteket Lejonet

#구시가지 내 1870년대 약국 #세계 최대 약국 #독일 르네상스 스타일의 외관

61 Christiansborg Palace
크리스티안보르 궁전
#1167년 건설 #국회의사당 #가이드투어

62 Botanisk Have
보타니컬 가든
#도심 속 오아시스 #팜하우스(온실) #10만㎡
#1874년 건립 #식물 13,000종

63 Statens Museum for Kunst
코펜하겐 국립미술관
#덴마크 최대 예술박물관 #SMK #압도적으로 다양한 작품

64 Amalienborg
아말리엔보르 성
#로코코양식의 18세기 궁전 #겨울궁전 #매일정오 근위병 교대식 #정원 #박물관

65 Copenhagen International School
코펜하겐 국제학교
#항만에 입지한 학교 #창고로 둘러싸인 학교
#친환경 건축물 #태양광 패널

66 Gemini Residence
제미니 레지던스
#2005년 준공 #옛 곡물저장고 #사일로 재활용
#켄틸레버 #공동주택

67 Bella Center
벨라센터
#북유럽의 가장 큰 규모 호텔 #외레스타드 랜드마크 #독특한 외관 #코펜하겐의 피사의 사탑

68 Carlsberg Business Centre
칼스버그 비즈니스 센터
#1915~1999년에는 칼스버그 박물관 #Carl's Villa #Carlsberg Garden

69 Carlsberg Laboratory
칼스버그 연구소
#이탈리아 르네상스 스타일 #효모연구소 #야콥센 동상 #1972년 연구소 이전

70 Visit Carlsberg Brand Store
칼스버그 브랜드 스토어
#양조장 재활용 #Jacobsen Brewhouse & Bar
#Carlsberg Academy JC Jacobsen Garden

71 Carlsberg Lighthouse
라임타워
#석회타워 #코펜하겐 대표 건축재료 #주출입구의 일부 #등대와 관리실 #기숙사 겸 스튜디오

72 Carlsberg city Gallery & Art Center
칼스버그 갤러리 & 아트센터
#56m 화강암 굴뚝찾기 #굴뚝 상부는 이집트 연꽃 모티브 #예술작품 전시

73 Ny Carlsberg Brewhouse
칼스버그 양조장
#Elephant gate and tower(워터타워와 약초사일로) #Dipylon(맥아사일로와 시계탑)

74 Cisterns in Søndermarken
현대 유리예술 미술관
#쇤데르마르켄 공원 지하 #지하저수조 재활용
#물공급 #유리 피라미드 #포브스 선정

75 Frederiksberg Slot & Gardens
프레데릭스베르 성 & 공원
#코펜하겐 최대 녹지 #인공섬 #중국식 정자
#여름별장 #아피스신전 #스위스코티지

76 Ordrupgaard
오드룹고 국립미술관
#개인미술관 기증 #핀율의 집 #공사 중이어서 못가봄 #자하하디드의 빌딩

남은 사진과 이야기

부록

안녕, 코펜하겐!

덩굴식물과 꽃으로 예쁘게 꾸며둔 건물 앞

내부가 훤히 보이는 집

투명하고 깨끗했던 창문의 비결

현지인과 관광객 모두에게 사랑받는 토브할렌 시장

멋진 배경을 뒤로 하고 식사를 즐기는 사람들

대화를 나누는 사람들

마라톤 대회가 있던 날

공중에 매달린 가로등

그리고, 청바지

「좋은 건설, 장인 정신이 필요하다」라고 써 있는 공사장 현수막

지나가다 발견한 공사장표 하트 ♥

어반리거 앞 오픈카

해가 질 줄 모르던 코펜하겐 6월의 어느 저녁

우리가 슬쩍 본 도시 코펜하겐
을 준비하며...

    2018년 미국 포틀랜드 답사 이후 책 출판은 작지만 특별한 경험이었다. 독립 출판 경험은 여러 후기를 남길 만했다. 이래서 책 써서 먹고살기가 어렵다고 하는 구나.. 책을 팔아서 수익을 남긴다는 게 가능하기는 한 일일까.. 동네의 소규모 독립서점들은 어떻게 운영이 되는 걸까 하는 의문들.. 그러나 우리 책이 입점해있는 독립서점들을 방문해보는 맛, 몇 개 되지 않지만 후기들을 보는 맛 같은 새로운 경험도 선사했다. 도시계획 일을 하면서도 굳이 '슬쩍'이란 단어를 넣어 애써 우리에게 전문적인 지식이나 비평을 기대하지 말라는 의지를 담은 사무실 단체 여행기(?) 정도의 책이었다. 우리에겐 함께한 여행의 정리이기도 하고, 서로의 생각을 공유하는 기회이기도 하고, 시간이 흐른 후엔 우리만의 기록으로 남을 것이다.

    한 번의 출판 경험을 바탕으로 이번에는 몇 가지 변화를 주었다. 지난번에는 여행 이후 논의를 통해 그 도시의 중요한 인상들을 몇 개의 주제들로 정리하고, 각 주제에 대한 각자의 단상을 모으는 방식이었다. 우리는 이미 비슷한 생각들을 하는 사람들이 모인 집단이어서 그런지 같은 주제에 대해서 비슷한 의견들이 많았고, 짧은 글 속에서 각자의 개성이 잘 묻어나지 않는 느낌이었다.

    그래서 올해는 여행 이후에 주제는 함께 정하되, 주제별로 서술자를 정해 논의한 내용을 한 사람이 맡아 정리하였다. 책을 만드는 방식도 변화를 주었다. 단행본은 아니지만 우리도 늘 보고서를 발간하는 집단이라 지난번 책을 만들 때에 이것저것 사소한 요구들을 하면서 편집자를 괴롭혔다. 그들의 독립된 영역을 인정해주어야 했는데 말이다. 그래서 이번에는 출판업 등록을 하고 직접 출판에 도전해 보기로 했다. 이번 책은 기획부터 편집, 디자인, 그리고 인쇄까지 출판의 모든 과정을 직접 해보았다.

우리 스스로에겐 재미있는 경험이지만 책을 낸다는 것은 우리의 경험과 기억, 시선과 생각을 누군가와 공유한다는 것인데, 그들에게 이 책은 어떤 의미를 지닐까? 혹은 우리가 얘기하고 싶은 것은 무엇이었을까? 도시공간을 계획하는, 각자 다른 개성을 가진 사람들이 낯선 도시를 방문했을 때 어떤 생각들을 하는지 드러내어 우리가 살고 있는 도시에서도 이런 점들을 좀 봐주고 생각해주면 좋겠다는 희망을 은연중에 나타내는 것일 수도 있다. 혹은 일반적인 관광지 외에도 이런 곳들도 한번 가보세요, 하는 제안일 수도 있고, 맛집 블로거처럼 우리가 가본 음식점들에 대한 방문 평으로서 가게를 고르는 팁 정도를 줄 수도 있다. 그 의도는 이번에도 유지될 것이다.

"이 책은 도시를 공부하고 계획하는 사람들이
여행자의 시선으로 낯선 도시를 둘러본 단편적 인상에 대한 기록이다."

ㅇㄴ

우리가 슬쩍 본 도시 시리즈

#01	포틀랜드·시애틀	2018
#02	코펜하겐	2019
#03	스톡홀름·헬싱키	2023

우리가 슬쩍 본 도시
코펜하겐

| **지은이 · 편집** | 장옥연 노수미 박주희 윤참근 이현민 정경현 장성곤 |
| **디자인** | 윤참근 이현민 임현지 |

1판 1쇄 발행	2019년 11월 20일
1판 2쇄 발행	2025년 07월 17일
발행인	장옥연
발행처	(주)온공간연구소
출판등록	2019년 8월 30일 / 제2019-000198호
주소	서울특별시 서초구 언남16길 16 중원빌딩 301호
홈페이지	www.onspace.co.kr
전자우편	onaspace@hanmail.net
Facebook	onspace
Instagram	on__book
전화 · 팩스	02 3463 0622

| **ISBN** | 979-11-968466-0-2 03980 |

| **가격** | 22,000원 |